军迷·武器爱好者丛书

导弹

张学亮 / 编著

辽宁美术出版社

前言
Foreword

众所周知,战争和文明始终交错出现,战争时刻威胁着人类自身的生存,又对人类文明的发展和进步起着催化和促进作用。

无论古代还是近现代的战争,概莫能外。它伴随着整个人类历史文明发展的步履,推动人类社会向前发展,不仅造成制度的废旧除弱、国家的合并分裂,还一直激发新的军事技术的产生。

当今人类正处于新技术革命的时代,科学技术的飞速发展,全球社会交往的不断加深,对战争的发生、发展都具有重大影响。不仅使战争由传统的冷兵器战争过渡到热兵器战争,而且进入到高科技和信息化战争时代,也使战争的影响范围由局部扩展到全球。

与此相对应,制止战争的和平力量和技术手段也在不断发展,战争也由纯军事性向政治性、经济性、技术性发展。纵观世界经济与军事力量格局的历史演进,各国为了巩固国防力量,加强对外威慑,投入了巨大的人力和物力,开发研制出一代代轻、重型武器。

尤其到了第二次世界大战时的1939年,以德国人冯·布劳恩为开端,人类战场上伴随着火箭,出现了一种超越常规意义战争、震慑力超乎想象的新式武器——导弹。

导弹是一种携带战斗部、依靠自身动力装置推进、由制导系统导引控制飞行航迹的飞行器。有翼导弹作为一个整体直接攻击目标,弹道导弹飞行到预定高度和位置后弹体与弹头分离,由弹头执行攻击目标的任务。

导弹摧毁目标的有效载荷是战斗部(或弹头),可为核装药、常规装药、化学战剂、生物战剂,或者使用电磁脉冲战斗部。其中装普通装药的称为常规导弹,装核装药的称核导弹。洲际弹道导弹还是核三位一体的中坚一极。

导弹具有射程远、速度快、精度高、杀伤破坏性大等特点，其分类可有多种方法。

按照作战任务的性质（作用）分类，导弹可以简单地分为进攻性战略导弹和防御性战略导弹；而按照装药分，又可分为常规导弹和核导弹；按飞行方式分，则有弹道导弹和巡航导弹；按发射点和目标分，又可分为地地导弹、地空导弹、空地导弹、空空导弹、潜地导弹、岸舰导弹等；按攻击的兵器目标分，有反坦克导弹、反舰导弹、反雷达导弹、反弹道导弹、反卫星导弹等；按搭载平台分，则有单兵便携导弹、车载导弹、机载导弹、舰载导弹等。另外，还可按射程远近及推进剂的性质等分为不同类型。

无论导弹有多少种分类，一个事实是，正如有军事专家声称，现在的军事对抗已经进入"导弹世纪"。今天，导弹家族已经拥有了众多成员，全世界各国研制的导弹型号已经达到800多种。在未来高技术条件下的局部战争中，导弹战的地位越来越突出，导弹战是战争初期实施战争和战役突击的重要手段和方式；是打击敌方战略战役重心的有效手段和方式；是支持空、海军夺取制空权、制海权的有力手段和方式；也是达成整体纵深协同作战的突击力量，对交战双方政治上、心理上将产生重大影响。

有鉴于导弹这种重大的作用，我们特意编著了这本"军迷·武器爱好者丛书"《导弹》。本书选取了世界上百余种有名的导弹，从多个方面简明扼要地介绍其特点，同时为每种导弹配备了高清大图。

目 录
Contents

导弹的历史 / 8

V-2 弹道导弹（德国）/ 16

Hs293 空舰导弹（德国）/ 18

"莱茵女儿"地空导弹（德国）/ 20

RIM-166"拉姆"舰空导弹（德国/美国）/ 22

"米兰"反坦克导弹（德国/法国）/ 24

"霍特"反坦克导弹（德国/法国）/ 26

"罗兰特"防空导弹（德国/法国）/ 28

依尔依斯特（IRIS-T）空空导弹（德国/多国）/ 30

"崔格特"反坦克导弹（德国/法国/英国）/ 32

"金牛座"战术巡航导弹（德国）/ 34

"北极星"式潜射弹道导弹（美国）/ 36

AIM-9"响尾蛇"空空导弹（美国）/ 38

AGM-65"小牛"空地导弹（美国）/ 40

"三叉戟"潜地战略导弹（美国）/ 42

FIM-92"毒刺"地空导弹（美国）/ 44

"爱国者"地空导弹（美国）/ 46

"鱼叉"反舰导弹（美国）/ 48

"战斧"巡航导弹（美国）/ 50

MIM-23 鹰式导弹（美国）/ 52

RIM-66"标准"中程导弹（美国）/ 54

RIM-161"标准"三型导弹（美国）/ 56

AGM-88 反辐射导弹（美国）/ 58

RIM-8"黄铜骑士"防空导弹（美国）/ 60

PGM-11"红石"短程弹道导弹（美国）/ 62

PGM-17"雷神"导弹（美国）/ 64

LGM-30G"民兵Ⅲ"洲际弹道导弹（美国）/ 66

LGM-118A"和平卫士"洲际弹道导弹（美国）/ 68

AGM-114"地狱火"反坦克导弹（美国）/ 70

AIM-120"监狱"中程空空导弹（美国）/ 72

MGM-134"侏儒"洲际弹道导弹（美国）/ 74

AGM-84E"斯拉姆"防区外攻击导弹（美国）/ 76

AGM-129"阿克姆"先进巡航导弹（美国）/ 78

FGM-148"标枪"反坦克导弹（美国）/ 80

FGM-172"掠夺者"反坦克导弹（美国）/ 82

"萨德"末段高空区域防御系统（美国）/ 84

AGM-158 JASSM 联合防区外空地导弹（美国）/ 86

SA-1 萨姆-1 防空导弹（苏联）/ 88

KC-1"狗窝"空航导弹（苏联）/ 90

SA-2 萨姆-2、SA-3 萨姆-3 防空导弹（苏联）/ 92

SA-5 萨姆-5、SA-6 萨姆-6 防空导弹（苏联）/ 94

R-73"箭手"近程空空导弹（苏联）/ 96

R-77"蝰蛇"空空导弹（苏联/俄罗斯）/ 98

R-11"飞毛腿"导弹（苏联）/ 100

SS-20 导弹（苏联）/ 102

RT-23"手术刀"战略弹道导弹（苏联）/ 104

"白杨"洲际弹道导弹（苏联/俄罗斯）/ 106

P-700 "花岗岩" 巡航导弹（苏联/俄罗斯）/ 108

R-36M "撒旦" 洲际弹道导弹（苏联/俄罗斯）/ 110

SA-15 "臂铠" 导弹系统（苏联/俄罗斯）/ 112

9K720 "伊斯坎德尔" 导弹（俄罗斯）/ 114

"日炙" 反舰导弹（苏联）/ 116

"山毛榉" 防空导弹（苏联/俄罗斯）/ 118

"铠甲-S1" 防空导弹系统（俄罗斯）/ 120

3M-54 "俱乐部" 巡航导弹（俄罗斯）/ 122

安泰-2500 防空导弹（俄罗斯）/ 124

S-400 "凯旋" 远程防空导弹（俄罗斯）/ 126

"北方" 系列空地导弹（法国）/ 128

"飞鱼" 反舰导弹（法国）/ 130

"奥托马特" 反舰导弹（法国/意大利）/ 132

R.550 "魔术" 红外近距格斗导弹（法国）/ 134

"阿斯姆普" 巡航导弹（法国）/ 136

"西北风" 便携式地空导弹（法国）/ 138

"米卡" 空空导弹（法国）/ 140

"紫菀" 系列舰空导弹（法国/意大利）/ 142

"阿帕奇-C" 巡航导弹（法国）/ 144

"旋火" 反坦克导弹（英国）/ 146

"轻剑" 防空导弹系统（英国）/ 148

AJ168 / AS37 "玛特尔" 空舰反雷达导弹（英国/法国）/ 150

"海狼" 防空导弹（英国）/ 152

CL-843 "海鸥" 空舰导弹（英国）/ 154

"阿拉姆" 空射反辐射导弹（英国）/ 156

AIM-132 "阿斯拉姆" 近距格斗空空导弹（英国）/ 158

RIM-162 改进型 "海麻雀" 导弹（英国）/ 160

S14"星光"防空导弹（英国）/ 162

"阿斯派德"导弹（意大利）/ 164

RBS-23"巴姆斯"全天候防空导弹（瑞典）/ 166

NSM 隐形反舰导弹（挪威）/ 168

AAM-1 空空导弹（日本）/ 170

88 式岸置反舰导弹（日本）/ 172

87 式反坦克导弹（日本）/ 174

90 式空空导弹（日本）/ 176

91 式、93 式空舰导弹（日本）/ 178

91 式"凯科"地空导弹（日本）/ 180

96 式多用途导弹（日本）/ 182

ASM-3 型超声速导弹（日本）/ 184

"迦伯列"空舰导弹（以色列）/ 186

"杰里科"系列弹道导弹（以色列）/ 188

"巴拉克"防空导弹（以色列）/ 190

"怪蛇"空空导弹（以色列）/ 192

"箭-2"反导武器系统（以色列）/ 194

"长钉"反坦克导弹（以色列）/ 196

"流星"弹道导弹（伊朗）/ 198

"征服者-110"近程弹道导弹（伊朗）/ 200

"泥石 2"中程弹道导弹（伊朗）/ 202

"霍拉姆沙赫尔"中程弹道导弹（伊朗）/ 204

"玄武"系列巡航导弹（韩国）/ 206

"红鲨鱼"反潜导弹（韩国）/ 208

"劳动"弹道导弹（朝鲜）/ 210

"哈塔夫"系列导弹（巴基斯坦）/ 212

"雨燕"反坦克导弹（南非）/ 214

导弹的历史

导弹的起源

从本质来说,导弹的起源与火药、火箭的发明密切相关。

火药与火箭是由中国人发明的。南宋时期,不迟于 12 世纪中叶,火箭技术开始用于军事,出现了最早的军用火箭。

虽然早在 13 世纪时,中国火箭技术就已经通过各种途径传入阿拉伯地区及欧洲国家,但是直至 18、19 世纪,火箭武器的进展仍然不大。直到 1926 年,美国才第一次发射了一枚无控液体火箭。

20 世纪 30 年代,电子、高温材料及火箭推进剂技术的发展,为火箭武器注入了新的活力。1933 年,德国火箭专家多恩伯格和"人类导弹技术的开创者"冯·布劳恩一起领导的火箭研制组着手研制两种火箭:一种是外形酷似飞机的飞航式火箭,另一种是飞行轨迹为抛物线形的弹道式火箭。布劳恩 1936 年在德国佩内明德的火箭研究中心成立了重点研究项目,开始火箭、导弹技术的研究,并建立了较大规模的生产基地,由第三帝国宣传部戈培尔命名为"复仇使者"计划,他作为主导者领衔执行 V-2 工程。

1937 年冬季,德国进行火箭的飞行试验。点火命令下达后,当火箭缓缓离开发射架升到几百米高空时,火箭发动机突然熄火,很快就坠入大海。试验失败了,但是布劳恩等人并没有因此丧失信心,并且更加努力研究。经过艰苦的努力,1939 年,世界上第一枚导弹 A-1 终于在德国成功发射,人类军事武器从此掀开了一个新的时代。

之后,布劳恩又研制了 A-2、A-3 两种小型导弹,并很快将研制这种小型导弹的经验加以应用,两个月后,布劳恩等人研制的另外一种飞航式火箭获得成功。这种火箭被命名为 V-1 导弹。1942 年 10 月 13 日,德国成功地把改进后的 A-4 火箭送上蓝天,A-4 火箭后被命名为 V-2 导弹。就这样,世界上第一枚弹道式导弹和第一枚飞航式导弹相继在德国诞生。

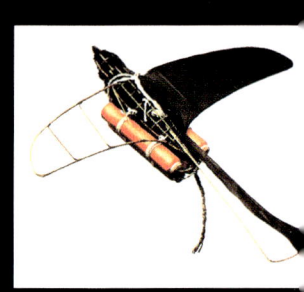

▲ 神火飞鸦

▲ 火龙出水

▲ 美国测试发射缴获的德国 V-2 导弹

1944年，苏军开始对德军全面反击，德军在东线战场节节败退。1944年6月6日晨，同盟国军队在诺曼底地区实施大规模登陆，开辟欧洲第二战场，德军腹背受敌，面临彻底覆灭的命运。战争狂人希特勒垂死挣扎，把刚刚装备于部队的秘密武器 V-1 和 V-2 导弹亮了出来，企图通过用 V-1、V-2 导弹对英国进行袭击，以挽救败局。

当时，德军用 V-1 和 V-2 导弹从欧洲西岸隔海轰炸英国。V-1是一种亚声速的无人驾驶武器，射程300多千米，很容易用歼击机及其他防空措施来对付。V-2 是最大射程约320千米的液体导弹，其可靠性差及弹着点的散布度太大，对英国只起到骚扰的作用，作战效果不大。但 V-2 导弹对以后导弹技术的发展起到重要的先驱作用。

第二次世界大战后期，德国还研制了"莱茵女儿"等几种地空导弹，以及 X-7 反坦克导弹和 X-4 有线制空空导弹，这些导弹都是由冯·布劳恩主导研制。

二战之后的发展

希特勒疯狂地使用 V-1、V-2 导弹，最终也没有挽救其败亡的命运。不过，作为一种军事武器，导弹的发展在二战结束之后进入了一个新的阶段。

第二次世界大战之后，各国意识到导弹对未来战争的作用，因此都十分重视发展导弹。美国、苏联、瑞士、瑞典等国在战后不久，恢复了自己在第二次世界大战期间已经进行的导弹理论研究与试验活动。英、法两国也分别于 1948 年和 1949 年重新开始导弹的研究工作。自 20 世纪 50 年代初起，导弹得到了大规模的发展，出现了一大批中远程液体弹道导弹及多种战术导弹，并相继装备于部队。1953 年，美国在朝鲜战场曾使用过电视遥控导弹。但这时期的导弹命中精度低、结构质量大、可靠性差、造价昂贵。

20 世纪 50 年代以后，科学技术取得了飞速发展，近代力学、高能燃料、特种材料、无线电电子技术、电子计算机技术、自动控制、精密仪表和机械等的发展为导弹武器提供了进一步发展的基础。在这种情况下，苏联于 1957 年 10 月成功地发射了第一颗人造卫星和洲际弹道式火箭，在世界上处于领先地位。美国为了赶上苏联在导弹技术方面的优势，从 1957 年开始，加紧发展中程和洲际导弹，迅速弥补了当时与苏联在导弹方面的差距。

美、苏两国在发展远程战略导弹的同时，也大力发展各种战术导弹。其中防空导弹最受重视，发展最快，美、苏相继发展并装备了地（舰）空导弹。在以后的时期内，美、苏还发展了多种型号的空空导弹、空地（舰）导弹、反舰（潜）导弹、巡航导弹及反坦克导弹。

与此同时，欧洲国家如英、法、德、意等国也研制了不少类型的导弹，并且在战术导弹的某些方面还处于先进地位。不过，美国和苏联作为从第二次世界大战以后发展导弹最早、研制品种最多的国家，他们代表了当时导弹技术的先进水平，并处于领先地位。

▲ V-2 导弹

▲ "莱茵女儿" 地空导弹

▲ 在范登堡空军基地发射的美国"宇宙神"-D洲际弹道导弹

20世纪六七十年代的发展

20世纪60年代初到70年代中期,由于科学技术的进步和现代战争的需要,导弹进入了改进性能、提高质量的全面发展时期。战略弹道导弹采用了较高精度的惯性器件,使用了可贮存的自燃液体推进剂和固体推进剂,采用地下井发射和潜艇发射,发展了集束式多弹头和分导式多弹头,大大提高了导弹的性能。

与此同时,巡航导弹也采用了惯性制导、惯性–地形匹配制导和电视制导及红外制导等末制导技术,采用效率更高的涡轮风扇喷气发动机和威力更大的小型核弹头,大大提高了巡航导弹的作战能力。而战术导弹采用了无线电制导、红外制导、激光制导和惯性制导,发射方式也发展为车载、机载、舰载等多种,提高了导弹的命中精度、生存能力、机动能力、低空作战性能和抗干扰能力。

70年代中期,导弹进入了全面更新阶段。为提高战略导弹的生存能力,一些国家着手研究小型单弹头陆基机动战略导弹和大型多弹头铁路机动战略导弹，增大潜地导弹的射程，加强战略巡航导弹的研制。发展应用"高级惯性参考球"制导系统，进一步提高导弹的命中精度，研制机动式多弹头。

以陆基洲际弹道导弹为例，从 1957 年 8 月 21 日苏联发射了世界第一枚 P-7 洲际弹道导弹（北约代号：SS-6，绰号：警棍）以来，世界上一些大国共研制了 20 多种型号的陆基洲际弹道导弹。

在此期间，战术导弹的发展出现了大范围更新换代的新局面。其中几种以攻击活动目标为主的导弹，如反舰导弹、反坦克导弹和反飞机导弹，发展更为迅速，约占 70 年代以来装备和研制的各类战术导弹的 80% 以上。

20 世纪 80 年代之后的发展

20 世纪 80 年代末，世界形势发生了巨大变化。新的国际形势、新的军事科学理论（包括新的战争理论）、新的军事技术与工业技术成就都为导弹武器的发展开辟出新的途径。各国相信，未来的战场将具有高度立体化（空间化）、信息化、电子化及智能化的特点，新武器也将投入战场。

为了适应这种形势的需要，导弹正向精确制导化、机动化、隐形化、智能化、微电子化的更高层次发展。战略导弹中的洲际弹道导弹的发展趋势是：采用车载机动（公路和铁路）发射，以提高生存能力；加固固定发射井，以提高抗核打击能力；提高命中精度，以直接摧毁坚固的点目标；采用高性能的推进剂和先进的复合材料，以提高"推进-结构"水平；寻求反拦截对策，并在导弹上采取相应措施。

▲ "战斧"巡航导弹

▶ PGM-11 "红石"导弹是美国陆军第一种中程弹道导弹，也是美国第一种以德国 V-2 火箭技术为核心发展的液态火箭

▶ 美国"和平卫士"洲际导弹最多可装 10 枚分导式核弹头

▲ 红外导引头

20世纪90年代末至21世纪初,美、俄两国服役的部分洲际弹道导弹性能得到很大提高。战术导弹的发展趋势是:采用精确制导技术,提高命中精度并减少附带伤害;携带多种弹头,包括核弹头、多种常规弹头(如子母弹头等)和特种弹头(如石墨战斗部),提高作战灵活性和杀伤效果;既能攻击固定目标也能攻击活动目标;提高机动能力与快速反应能力;采用微电子技术,电路功能集成化、小型化,提高可靠性;采用新型发动机以提高导弹的机动性和打击的突然性;实现导弹武器系统的系列化、模块化、标准化;简化发射设备,实现侦察、指挥、通信、发射控制、数据处理一体化。

如今,人类已经迈入一个崭新的世纪,但是战争的乌云仍然笼罩着我们这个星球的许多角落。局部战争此起彼伏,导弹武器总是在各个战场上扮演着举足轻重的角色,甚至影响着战争的进程和结构。

导弹武器的问世,改变了现代战争的作战样式。在中东战争、海湾战争、科索沃战争等局部战争中,反舰导弹和巡航导弹取得了令人瞩目的作战效果,一再证明导弹武器的强大威力,在全球范围内掀起新一轮的"导弹发展热潮"。

不论是核导弹作战还是常规导弹作战,特别是在"三位一体"战略核武器结构中,战略核导弹是核战略打击的主要力量之一,具有很强的威慑作用,可以达成控制战争规模、遏制战争升级、制约对方的战略目的。近10年来,全世界各国研制的导弹型号达到800多个,一些发展中国家相继加入了自行研制导弹国家行列,少数大国垄断导弹发展的局面已经被打破,导弹开发速度日渐加快,新型号的平均研制周期从以往的8年~10年缩短为5年~7年。

导弹发展的衍生价值

导弹自第二次世界大战问世以来，受到各国普遍重视，发展很快。导弹的使用，使战争的突然性和破坏性增大，规模和范围扩大，进程加快，从而改变了过去常规战争的时空观念，给现代战争的战略战术带来巨大而深远的影响。导弹技术是现代科学技术的高度集成，它的发展既依赖于科学与工业技术的进步，同时又推动科学技术的发展，因而导弹技术水平成为衡量一个国家军事实力的重要标志之一。

同时，导弹技术也成为人类航天技术发展的基础。自1957年10月4日苏联发射世界上第一颗人造地球卫星以来，世界各国已研制成功150余种运载火箭，共进行了4000余次航天发射活动。火箭的近地轨道运载能力从第一颗人造卫星的83.6千克发展到1000千克以上，火箭的飞行轨道从初期的近地轨道发展到太阳系深空间轨道。

▶ 哈萨克斯坦境内的俄罗斯拜科努尔发射场的"联盟"运载火箭

▲ 美国"泰坦"战略导弹

▶ 美国"土星五号"运载火箭

▲ 美国 F-18C "大黄蜂" 战机下挂载的 AGM-65 "小牛" 空地导弹

因此，以运载火箭为主要支撑的航天技术已发展成为一种新兴高技术产业，它是人类对外层空间环境和资源的高级经营，是一项开拓比地球大得多的新的疆域的综合技术。它不仅为人类利用开发太空资源提供技术保障，而且还为人类现代文明的信息、材料和能源三大支柱作出开拓性贡献，给世界各国带来了巨大的政治、社会与经济效益。

当今世界的航天技术领域已成为各技术先进的大国角逐的重要场所。综观世界各国航天技术发展史，几乎都是与液体弹道导弹技术的发展紧密相关。苏联发射世界上第一颗人造地球卫星的运载火箭，是由 P-7 液体洲际弹道导弹改装成的，以后又在此基础上逐步发展了"东方号""联盟号"和"能源号"等运载火箭，在航天活动中取得了巨大成功；美国发射第一颗人造地球卫星的运载火箭，也是以"红石"液体弹道导弹为基础改制成的，以后又在"雷神""宇宙神""大力神"等液体弹道导弹的基础上发展了"雷神""宇宙神""大力神""德尔塔"等系列运载火箭。欧洲诸国早期联合研制的"欧洲号"火箭，也是以英国的"蓝光"液体弹道导弹为基础，直到 20 世纪 80 年代又发展研制成功"阿里安"系列运载火箭。

V-2 弹道导弹（德国）

■ 简要介绍

V-2 弹道导弹是德国陆军兵器局、多恩伯格与冯·布劳恩研发团队于 20 世纪 30 年代研制的世界上第一种弹道导弹，也是第二次世界大战期间首先被用于实战的地地弹道导弹，其目的在于从欧洲大陆直接准确地打击英国本土目标。V-2 的诞生，标志着人类火箭技术进入了一个新的时期。

■ 研制历程

1932 年后，德国陆军开始想到液态燃料火箭作为长程攻击武器的可能性，并派对火箭研发有兴趣的瓦尔德·多恩伯格上尉负责筹组相关事宜。瓦尔德招募了以当时为经济状况烦恼的沃纳·冯·布劳恩为首的火箭研究小组进入德国陆军兵器局，开始进行液态火箭推进器的试验。同年，德军在柏林南郊的库斯麦多夫靶场建立了火箭试验场。

1933—1941 年，多恩伯格与冯·布劳恩的研发团队不断进行火箭研发，从第一代的 A-1 开始到 A 系列火箭研究，经过许多新的改进，性能大大提高。1942 年 10 月 3 日，A-4 终于试验成功，年底定型投产，定名 V-2。"V" 即德文 Vergeltung，意为"报复手段"。

基本参数

弹长	14米
弹径	1.65米
弹重	12.5吨
射程	320千米

■ 实战表现

1944 年 9 月 8 日，德国向伦敦发射了一枚 V-2，导弹在市区爆炸。这是 V-2 首次成功袭击英国本土，在伦敦引起了很大的恐慌。1944 年 9 月 6 日到 1945 年 3 月 27 日，德国共发射了 3745 枚 V-2 导弹，其中有 1115 枚击中英国本土，2050 枚落在欧洲大陆的比利时安特卫普、布鲁塞尔、列日等地，有 74% 落在目标周围 30 千米以内，这些导弹又有 44% 落在 10 千米的范围内，炸死 2724 人，炸伤 6476 人，对建筑物的破坏也相当大。

▲ V-2 弹道导弹发射

知识链接 >>

V-2 弹道导弹能把 1 吨重的弹头送到 322 千米以外的距离。发射时火箭先垂直上升到 24 千米~29 千米高，然后按照弹上陀螺仪的控制，在喷口燃气舵的作用下以 40° 的倾角弹道上升，也可由地面控制站向弹上接收机发射无线电指令控制。一分钟后，火箭已飞到 48 千米的高度，速度已达每小时 5796 千米。

HS293
Hs293 空舰导弹（德国）

■ 简要介绍

Hs293 是德国亨舍尔公司于 1939 年研制出的世界上第一种投入实战的空舰导弹，由德国在二战期间研制并投入使用，并取得较大战果。该型导弹的出现，在制导武器发展史上有着划时代的意义。

■ 研制历程

1939 年，以德国亨舍尔公司瓦格纳博士为首的研究团队由改装普通航空炸弹开始，将 SC-500 型普通航空炸弹装上轻质合金的弹翼和尾翼。1940 年 5 月制成了 Hs293V2 滑翔炸弹，同年 9 月成功研制出 Hs293V3 可控滑翔炸弹；12 月，又加挂了液体火箭发动机，试制成 Hs293A0；次年 7 月，该弹在安装了最新研制成功的固体火箭发动机后，成为世界上第一种实战化的空舰导弹 Hs293A1。此后还出现了该系列的 B～J 等近 20 种改进型。

Hs293 导弹可搭载于德国"秃鹰""鹰狮"等战斗机上，飞机上有专门的引擎废气输送管用于在发射前对火箭发动机进行预热。导弹在 3000 多米的高度投放时，该弹滑翔距离可达 11 千米。

操作时，载机使用无线电收发机送出操控指令，被导弹上的接收机接收后对操纵面进行调整。弹尾有一个红色照发光管，可帮助射手进行引导。

基本参数

弹长	3.82 米
弹径	0.47 米
弹重	550 千克
射程	4 千米

■ 实战表现

Hs293 首次作战记录是在 1943 年 8 月 25 日，第 40 轰炸航空团的 Do-217 轰炸机在比斯开湾攻击英军反潜巡逻队，英军两艘护卫舰被击伤。两天后该团的 18 架 Do-217 使用该弹击沉了英军"白鹭"号护卫舰，这是首次使用制导炸弹击沉船只的战例。1944 年诺曼底登陆后，Do-217 轰炸机曾使用 Hs293 对瑟堡盆地的水上桥梁进行攻击以阻滞盟军的攻势。击伤、击沉了多艘盟军的护卫舰、运输船、驱逐舰。

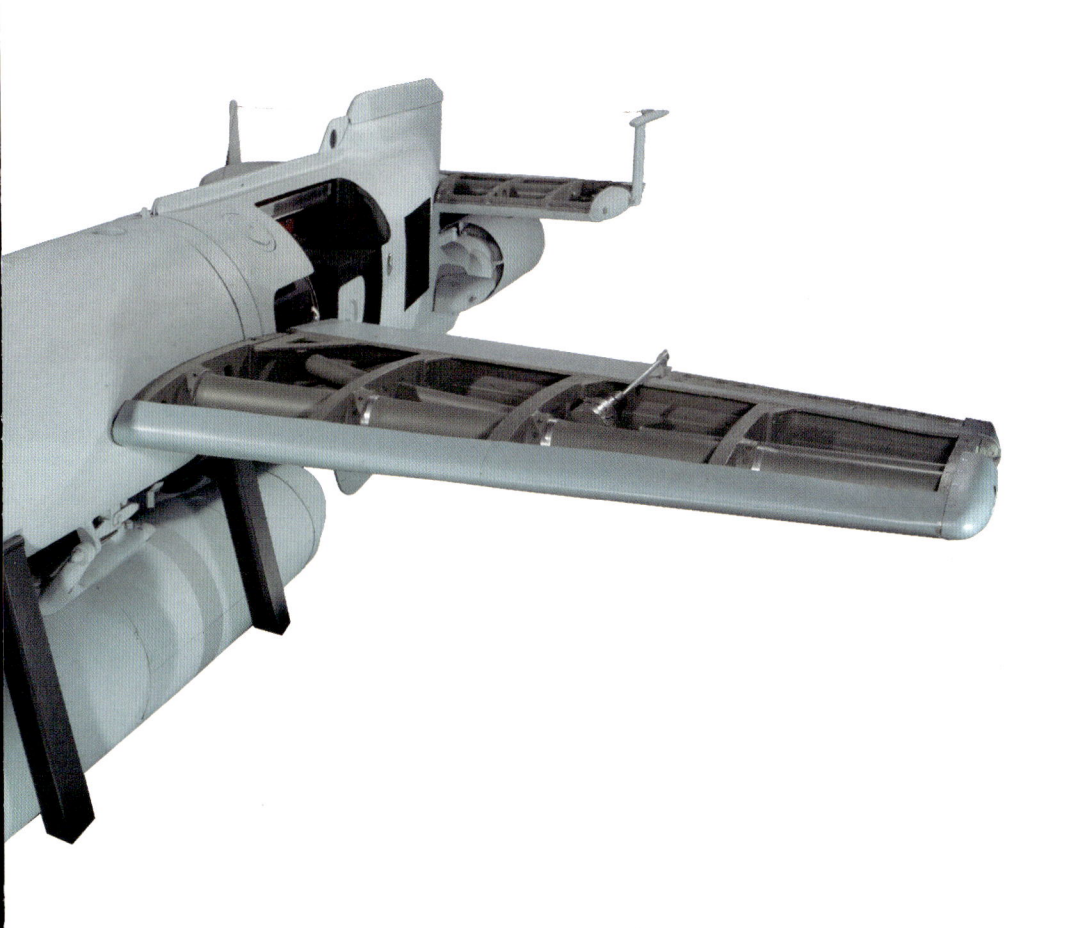

知识链接 >>

装备 Hs293 的部队，有驻扎地中海的德军第 100 轰炸航空团和法国的第 40 轰炸航空团，主要用于对舰攻击。Hs293A1 共生产 2300 余枚，击沉盟军舰船数十艘。该弹在无干扰的情况下命中率约 40%。

▲ He-111H 轰炸机投下 Hs293 空舰导弹

RHEINTOCHER

"莱茵女儿"地空导弹（德国）

■ 简要介绍

"莱茵女儿"地空导弹是德国莱茵金属公司 1941 年研制的，主要有 R1 和 R3 两种型号。

■ 研制历程

1941 年，德国航空航天研究部（RLM）的研究部门制订了"火百合"地空导弹项目。为了获得资金支持，决定将"火百合"弹体的基本气动外形按照防空导弹来设计，共有 F25 和 F55 两种设计型号。之后，该项目由德国莱茵金属公司研制出 R1 和 R3 两种型号，其中 R1 型的动力是两级固体燃料，R3 则是液体燃料带固体助推器。

"莱茵女儿"地空导弹的弹体最下端装有 4 片尾翼，中部则有 6 片稳定翼，头部还有 4 片操纵翼。其尾部装助推火箭发动机，上部装巡航发动机。

该导弹采用无线电指令控制，翼尖带有曳光装置，方便操作人员目视遥控。

基本参数	
弹长	4.75 米
弹重	1.75 吨
射程	12 千米
最大射高	6 千米

■ 实战表现

"莱茵女儿"从 1943 年开始进行了 82 次试射。1945 年，德国战败已成定局，该导弹的计划不得不在当年 2 月被终止，最终也没能装备于部队。二战之后，美、英等国却在德国技术成果的基础上，各自研制出了它们的第一代实用地空导弹。苏联也缴获了大量成品和部件，并俘虏了一些专家，以此为起点，开始自己的火箭和空间计划。

知识链接 >>

"莱茵女儿"地空导弹截至1945年1月，进行了120次发射试验。虽然最高升限达到了12000米，但是实战中的最高升限只有9650米。

▲ "莱茵女儿"地空导弹复原模型

RIM-116

RIM-166"拉姆"舰空导弹（德国/美国）

■ 简要介绍

RIM-116"拉姆"舰空导弹是由美国和德国于20世纪70年代联合研发，不依靠外部信息系统的独立的近程、低空舰载防空自卫反导系统，又名"滚转弹体"舰空导弹系统。主要装备于各种水面舰艇，用于拦击反舰导弹和低空飞机。

■ 研制历程

二战之后，世界进入冷战阶段。美国与德国为增强军舰的生命力，提出联合研发一种可提供高效率、低成本、轻量化的近程导弹自卫系统。1980年9月发射成功，1983年定型为RIM-116"拉姆"舰空导弹系统。

"拉姆"导弹的武器系统由导弹、发射容器和发射窑系统3部分组成。动力装置为一台ML36-8型单级固体火箭发动机，最大速度超过2倍声速。

"拉姆"结合了导弹的高精度和高炮的灵活性优点。实战中，由舰上雷达及电子侦察设施完成搜索、跟踪和识别，并将目标的距离、方位、高低角和目标发射的电磁流频段数据送入导弹系统，此时导弹启动导引头陀螺和红外线探测器制冷，即可发射。导弹有自动、半自动、手动3种发射方式，可单射，也可分批齐射。

基本参数

弹长	2.82米
弹径	0.12米
弹重	73.5千克
射程	9千米

■ 实战表现

按照原计划，"拉姆"导弹系统应于1986年装备于部队。计划曾一度中断，该导弹系统从1989年开始生产，并开始大量装备于德国和美国军舰上；另外，韩国海军也表达了购买意向。1997年8月底和9月，美国海军陆战队系统司令部对该系统进行了试验，这两次试验使用了来自"宙斯盾"巡洋舰的目标跟踪信息。通过连续波目标搜索雷达制导，"拉姆"在超过15千米的距离上成功命中目标。

知识链接 >>

"拉姆"导弹采用了鸭式气动布局,头部装有一对三角形控制舵和一对矩形固定翼,"拉姆"导弹在飞行中会不断旋转,导弹旋转一周,两个舵面会进行两次调整(垂直方向和水平方向),通过这种方式修正飞行方向。因此,"拉姆"导弹又被称为"滚转弹体导弹"。

▲ 维护中的"拉姆"舰空导弹

MILAN

"米兰"反坦克导弹（德国/法国）

■ 简要介绍

"米兰"反坦克导弹是 20 世纪 60 年代由德国和法国联合研制的第二代轻型反坦克导弹，采用目视瞄准、红外半自动跟踪、导线传输指令制导方式。最初型"米兰-1"、"米兰-2"分别于 1972 年、1974 年开始装备部队。

■ 研制历程

1963 年，德国与法国政府签订了双边合同，开始联合研制第二代反坦克导弹，即"米兰"步兵携行式中、近程反坦克导弹。之后 20 多年，"米兰"系列共有 1 型、2 型、2T 型及 3 型等型号。

"米兰"反坦克导弹配备有一枚成型装药反装甲弹头，可以击穿厚重的传统装甲，其射程最小 25 米，正好是巷战的理想武器。

改进型"米兰-2"进一步改进，将采用串联战斗部，以对付复合装甲和反应装甲。"米兰-3"则有一个工作在约 0.9 微米的脉冲氙红外信标和一个热成像夜视仪，以提高其抗干扰能力并能在夜间作战。

同时，后两型"米兰"配有纵列式双弹头，可有效抗击加挂反应式装甲的坦克。击中目标时，第一枚弹头引爆反应装甲，第二枚弹头接着击穿坦克装甲，达成有效杀伤效果。

基本参数（米兰-2）

弹长	0.76米
弹径	0.11米
弹重	6.7千克
射程	2千米
破甲厚度	700毫米

■ 实战表现

"米兰-1"于 1972 年服役，并于 1976 年在黎巴嫩战争中投入使用，主要用于对付 T-55 和 T-72 坦克。通过实战，"米兰"导弹方案初显其先进性和灵活性。之后，"米兰-2"等系列导弹在非洲战场、马岛战争及海湾战争中的多次使用，都证明了它所具有的作战灵活性。"米兰"导弹不仅能对付坦克，它还击落过直升机。海湾战争时，"米兰"导弹对付"飞毛腿"导弹取得了不俗的战绩。

知识链接 >>

反坦克导弹的问世，标志着反坦克武器从"无控"时代进入"有控"时代。历次局部战争，特别是海湾战争表明，反坦克导弹是当今最为有效的反坦克武器。

▲ "米兰"反坦克导弹

HOT
"霍特"反坦克导弹（德国/法国）

■ 简要介绍

"霍特"反坦克导弹是与"米兰"反坦克导弹同时期由法、德两国联合研制的第二代反坦克导弹，但它主要装在车辆和直升机上使用，打击远距离坦克、装甲车和其他重要地面目标，因此成为第二代重型远程反坦克的典型代表。

■ 研制历程

1963年，德国与法国政府在"米兰"导弹合作达成协议的同时，还决定研制新式高亚声速、光学瞄准、红外跟踪和有线制导的重型远程反坦克导弹。20世纪70年代初定型，命名为"霍特"，之后开始投入正式生产。90年代时又有改进型的"霍特-2"导弹。

"霍特"重型远程反坦克导弹的动力装置为两级固体燃料火箭发动机。制导系统为有线制导或红外自动遥控，战斗部重6千克，装烈性炸药，破甲厚度700毫米。

"霍特-2"导弹又增加了串联战斗部，并将破甲深度增到1000毫米。

"霍特"导弹还先后向埃及、科威特、叙利亚和沙特阿拉伯等十几个国家出售，由此成为第二代反坦克导弹的典型代表。

基本参数	
弹长	1.3米
弹径	0.15米
弹重	24.5千克
射程	4.3千米
速度	75米/秒~260米/秒

■ 实战表现

"霍特"重型远程反坦克导弹于1977年装备于法、德两国部队。海湾战争中，法国曾派出80架载"霍特"的"小羚羊"直升机，共发射了180枚"霍特"导弹，除摧毁伊军坦克外，还对有防空导弹和高炮的雷达站、坚固的钢筋混凝土工事进行了攻击，命中率在85%以上。

知识链接 >>

英国《防务新闻》2003年8月13日报道，"虎"式直升机采用ATA发射架试射"霍特"反坦克导弹，当时直升机的飞行速度达到每小时150千米，从悬停位置或前飞状态对距离600米~4000米的固定或活动目标发射"霍特"反坦克导弹，命中概率超过90%。证明该导弹能够在全部规定的飞行条件和昼、夜环境下实施攻击。

▲ "霍特"反坦克导弹

ROLAND
"罗兰特"防空导弹（德国/法国）

■ 简要介绍

"罗兰特"防空导弹是20世纪60年代由德国与法国联合研制的一种低空近程防空导弹，主要用于对付日益增长的低空和超低空威胁，保护各种装甲车辆和机动作战部队。"罗兰特"共有Ⅰ型、Ⅱ型和Ⅲ型3种型号，被称为"最具有欧洲血统"的防空导弹，在冷战期间创下了辉煌的战绩。

■ 研制历程

20世纪60年代，联邦德国和法国已经建立了欧洲煤钢共同体。在经济领域相互合作的基础上，为了进一步增加战略互信，约束德国可能给世界特别是法国造成的战争威胁，对抗美苏军备竞赛带来的巨大战略压力，减轻研发新型武器装备给自身带来的沉重军费负担，德、法两国开始进行国家防务领域的合作，共同研发了一些特色武器，其中就包括"罗兰特"防空导弹。

最初是在1964年研制出了"罗兰特Ⅰ"晴天型防空导弹。但是，联邦德国陆军对"罗兰特Ⅰ"的性能并不是很满意，因此于1966年研制了改进型"罗兰特Ⅱ"全天型导弹。

1982年，鉴于"罗兰特Ⅱ"在马岛战役、两伊战争中的优异表现，欧洲导弹公司开始对其进行升级改造，研制出了"罗兰特Ⅲ"。

基本参数	
弹长	2.6米
弹径	0.16米
弹重	71千克
射程	6.3千米

■ 作战性能

"罗兰特"防空导弹战斗部为烈性炸药，动力装置是两级（助推器和主发动机）固体火箭发动机，能够使导弹的最大速度达到510米/秒（Ⅲ型提高到680米/秒）。在制导系统方面，Ⅰ型采用比较原始的光学瞄准制导方式；Ⅱ型进行了改进，同时使用雷达跟踪和光学瞄准两种制导方式。"罗兰特"的全部地面制导设备和导弹发射装置都装在一辆机动车上，有较强的野战机动性能。

▲ "罗兰特"防空导弹

知识链接 >>

在英阿马岛战争中，阿根廷军登上马岛后，将一套"罗兰特"导弹系统部署到斯坦利港，对英军共发射了8枚"罗兰特Ⅱ"型导弹，其中有4枚直接击落了4架海鹞式战机，有1枚则击伤1架其他类型飞机。当时该系统被配置在山谷地形上孤军作战，得不到任何消息支援，在这种情况下，"罗兰特"导弹系统依然能够取得8发6中的战果，这使其一战成名。

IRIS-T

依尔依斯特（IRIS-T）空空导弹
（德国/多国）

■ 简要介绍

依尔依斯特（IRIS-T）是20世纪90年代以德国博登湖技术设备公司为主，联合欧洲其他国家及加拿大，在引进的美国"响尾蛇"AIM-9L上对其改进，研制出的新一代近距格斗空空导弹，全称为"红外成像无尾控制的响尾蛇"（Infra-Red Imaging Sidewinder-Tail control），简称为"依尔依斯特（IRIS-T）"。

■ 研制历程

20世纪80年代初，联邦德国引进生产美国的"响尾蛇"AIM-9L。此后，联邦德国一直在对其进行改进，在对多种新型导弹进行考察之后，决定采用博登湖技术设备公司提出的IRIS-T导弹方案。

该项目以德国博登湖技术设备公司作为主承包商，负责整个系统46%的研制工作，除德国外，意大利、加拿大、挪威、瑞典也一直参与其中（意大利占19%，瑞典占18%，希腊占9%，加拿大占4%，挪威占4%）；丹麦、希腊、葡萄牙和西班牙也表示有意参加。1996年开始方案设计，1997年年底进入为期5年的研制阶段。

基本参数

弹长	3米
弹径	0.13米
翼展	0.35米
弹重	87千克
射程	12千米
最大速度	3060千米/小时

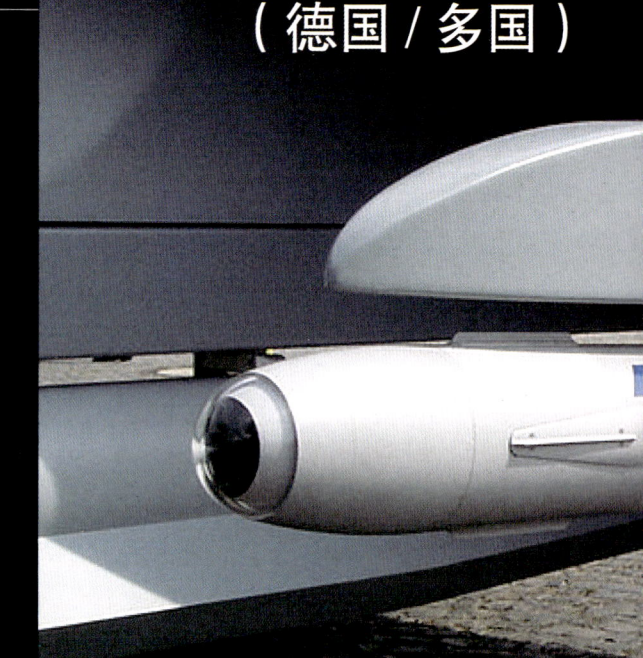

■ 作战性能

IRIS-T采用常规的气动布局，通过将推力矢量燃气舵与4片可动尾翼及4片十字形弹翼相结合，使得IRIS-T的机动性和急转弯性能得到很大程度的提高。特别是在导弹飞行末段，当敌机试图采取规避机动时，导弹的火箭发动机可能已经燃烧完毕，不能再利用推力矢量控制来进行转弯，但可以利用弹翼帮助建立升力，提供很好的机动性。

知识链接 >>

1995年6月，德国博登湖技术设备公司宣布，德国空军、德国国防部的军械部和国防技术采购局一致同意，将该公司提出的IRIS-T导弹作为德国的EF-2000和"狂风"战斗机装备的未来近距空空导弹，并在当时举行的巴黎航展上展出其模型。2002年，"依尔依斯特"导弹已经进入现役。

▲ 依尔依斯特（IRIS-T）空空导弹

TRIGAT

"崔格特"反坦克导弹

（德国／法国／英国）

■ 简要介绍

"崔格特"反坦克导弹是德、法、英等国于20世纪80年代末开始联合研制的第三代反坦克导弹，用于对付新型主战坦克及重型装甲车辆。它包括中程"崔格特"和远程"崔格特"两种型号，其中最主要的是前者。

■ 研制历程

20世纪80年代，德、法、英三国决定联合开发第三代反坦克导弹，1989年比利时、荷兰也加入了该项目，1998年7月，项目研制正式完成，命名为"崔格特"导弹，分为中程和远程两种。

中程"崔格特"是一种兵组携带的反坦克导弹，也能装在多种车辆上发射。导弹装在发射筒内，配套设备有发射装置、瞄准具、激光发射器、三脚架等。

当作战时，射手用与瞄准具同轴的激光发射器向目标发射一束激光，然后将导弹射入激光束，使导弹沿激光波束中心线飞行。当导弹偏离中心线时，弹尾的激光接收器测出其偏差，经弹上计算机形成控制指令，控制导弹沿瞄准线飞行。

该弹采用串联聚能破甲战斗部，可以穿透1200毫米的轧制均质装甲，能有效地击穿各种复合装甲、爆炸反应装甲。

基本参数

弹长	0.95米
弹径	0.15米
弹重	17.5千克
射程	2.4千米

■ 实战表现

中程"崔格特"反坦克导弹原定于1998年装备于部队，后由于技术改进工作和他国加入而有所延迟，改为2002年入役。远程"崔格特"导弹则于2005年开始服役于德、法、英等国军队。

知识链接 >>

"崔格特"反坦克导弹作为一种现代化的武器,相比"米兰"等导弹,最大特点是去掉了第二代导弹的制导导线而采用激光波束制导方式。激光波束制导的优点是激光波编码多,激光接收器背对目标安装,抗干扰能力强,尤其具有"发射后不用管"和攻击远距离目标的能力。同时导弹飞行速度快,机动性更强,结构简单,成本低廉。

▲ 空勤人员为"虎"式直升机加装"崔格特"反坦克导弹

TAURUS KEPD 350
"金牛座"战术巡航导弹（德国）

■ 简要介绍

"金牛座"战术巡航导弹是20世纪80年代由欧洲航空航天和防务公司（EADS）德国LFK导弹分公司与德国"金牛座"系统公司在KEPD 150导弹系统的基础上，研制的战术巡航导弹，其最大射程可达500千米，在分类上属于动能侵彻和杀伤武器。除装备于德军外，还出口到欧美及韩国。

■ 研制历程

20世纪80年代，瑞典萨伯公司决定在DWS24武器系统的基础上，发展新一代的DWS39武器系统，计划装备在瑞典空军的JAS-39战斗机上。后来德国"金牛座"公司获得DWS39项目，以其为基础发展了KEPD 150导弹系统，该弹的两种型号射程分别为150千米和54千米。不过KEPD 150的射程指标太低，于是"金牛座"公司对其进行改进，升级后的导弹称为KEPD 350"金牛座"战术巡航导弹。

2004年5月，"金牛座"才完成了全部飞行和发射试验，之后正式投产。共分为射程220千米、发射全重1090千克的350A型和射程350千米、1240千克的350P型，其中A型可根据任务需求调整燃料仓和战斗部容积。

基本参数	
弹长	5.1米
弹径	1.08米
弹重	1080千克
射程	350千米

■ 作战性能

"金牛座"的关键性能主要集中在三个方面：一是射程远，"金牛座"标准射程为350千米，有效射程可达400千米，这在现役战术巡航导弹中属于远程。二是精确制导，"金牛座"导弹的中段制导方式比较独特，同时采用了全球定位系统/惯性导航系统（GPS/INS）和地形导航系统三种导航方式。三是通用性好，巡航导弹的系列化发展从军事角度而言，意味着战力通用性好、后勤维护简便、快速部署等优势。

▲ "金牛座"战术巡航导弹

知识链接 >>

"金牛座"的主要用户是德国空军（总共订购了600枚）。由于采用先进的模块化设计，通用性很强，"金牛座"还可普遍装备到其他多种西方战机上，因此出口潜力很大，西班牙空军已经采购，瑞典、加拿大、澳大利亚等国对这种新型空地巡航导弹表现出浓厚的兴趣。2013年，韩国对外宣称引进"金牛座"导弹。

POLARIS
"北极星"式潜射弹道导弹（美国）

■ 简要介绍

"北极星"式导弹是20世纪50年代末至60年代中期美国洛克希德·马丁公司及空间公司为海军研制的第一代潜射中程弹道导弹，共有A1～A3三种型号。1960年开始装备美国海军核潜艇后，成为当时美国核战略的一个重要组成部分。

■ 研制历程

1957年10月4日，苏联向宇宙空间发射了世界上第一颗人造地球卫星，表明苏联拥有或即将拥有足够大功率的导弹发动机和足够精确的导弹飞行制导系统。为了应对这种威胁，美国建造出了世界上第一艘弹道导弹核潜艇"华盛顿"号，同时研制出了"北极星A1"潜射弹道导弹。之后几年，很快推出了其改进型A2和A3。

"北极星A1"（以及A2）式潜射弹道导弹既可供水面舰只使用，也可由潜艇水下发射，在水下可垂直发射，利用燃气—蒸汽将导弹弹射出水面；均采用惯性制导。A3导弹由于较轻的结构和更佳的推进器，射程显著增加。

基本参数

弹长	8.69米~9.86米
弹径	1.37米
发射重量	13000千克~16200千克
射程	2200千米~4600千米

■ 实战表现

"北极星"A1、A2分别于1960年、1962年开始装备于美国海军核潜艇。1964年开始逐渐为A3所替换。A3从1964年一直服役至1982年，使该导弹成为当时美国核战略的一个重要组成部分。1960年7月20日，"华盛顿"号核潜艇驶向海上靶场，进行"北极星"导弹水下发射试验。结果"北极星"导弹不负众望，第一发就命中1800千米处的预定目标。

▲ 往核潜艇上吊装"北极星"式弹道导弹

知识链接 >>

弹道导弹核潜艇的出现，不仅是潜艇发展史上的再次突破，也是战略核力量的又一次转移。在各种侦察手段十分先进的今天，陆基洲际导弹发射井很容易被敌方发现，弹道导弹核潜艇则以其高度的隐蔽性和机动性成为一个难以捉摸的水下导弹发射场。

AIM-9

AIM-9 "响尾蛇" 空空导弹（美国）

■ 简要介绍

"响尾蛇"空空导弹是美国雷锡恩公司于20世纪50年代开始研制的，其首款AIM-9是世界上第一种红外制导空空导弹。"响尾蛇"之后有多种衍生型号，成为一个系列，著名的有AIM-9L"超级响尾蛇"等。

■ 研制历程

1953年9月，美国雷锡恩公司成功试射XAAM-N-7式空空导弹，后来更改编号为GAR-8，后又改为AIM-9A，因其红外装置原理如同响尾蛇能准确地感知附近动物的体温从而捕获猎物一样，因而得名"响尾蛇"1型。此后又推出了第二代改进型AIM-9B、AIM-9J，1977年推出第三代AIM-9L。21世纪已经发展到AIM-9X。

AIM-9X采用先进的喷气矢量技术来提高导弹的敏捷性；最新批次引入了新型的1760总线，直接将导弹导引控制段和动力系统的数字接口连接起来，并且具备导引系统和控制系统直接通信的能力。

该导弹的一大特点是"后射"能力，可有效地防御敌机从尾后实施攻击。此外，它还能够"看见"飞行员无法发现的目标，还能辨别真假目标，发出指令消灭敌机。同时，因导弹的空气阻力减少了一半，飞行速度极快。

基本参数

弹长	3.02米
弹径	0.13米
弹重	85千克
射程	18530米
最大速度	3384千米/小时

■ 实战表现

1981年8月，美国海军的两架F-14"雄猫"战斗机曾在1分钟内击落两架苏-22式攻击机，使用的就是"超级响尾蛇"导弹。1982年马岛战争中，英军10架海鹞式战斗机发射27枚"超级响尾蛇"导弹，击落了24架飞机。西方媒体称它是"具有划时代意义的空中杀手"。

▲ "响尾蛇"导弹

知识链接 >>

"响尾蛇"导弹作为世界上第一种红外制导空空导弹，经过不断发展，今天仍然是世界主流近距空空导弹之一。而且美国海空军对现有的AIM-9X导弹仍在进行持续的改进，综合美国媒体的报道和美军的预算报告，雷锡恩公司2013年接到合同，研制最新的AIM-9X Block Ⅲ型"响尾蛇"导弹。

AGM-65

AGM-65"小牛"空地导弹（美国）

■ 简要介绍

"小牛"空地导弹是美国休斯顿公司和雷锡恩公司于1965年开始共同研制的一种防区外发射的战术空地导弹，也是世界上第一种采用电视制导的空地导弹。它可以精确打击点状目标，曾在越南战争、海湾战争、科索沃战争中大发威风。

■ 研制历程

1965年，美国休斯顿公司和雷锡恩公司开始共同研制一种主要用于攻击坦克、装甲车、导弹发射场、炮兵阵地、海上舰船等防区外发射的战术空地导弹。1968年，这种有着"小牛"绰号的导弹第一次进行飞行试验，1972年入装后编号AGM-65。此后衍生出一些新型号，最著名的是AGM-65G2。

"小牛"空地导弹的战斗部为穿甲爆破杀伤型；可用4种发射架发射，并有电子制导、激光制导和红外热成像制导3种成像制导类型。

作为世界上第一种采用电视的空地导弹，"小牛"在导弹的导引头安装一个小型摄像机，当发现目标以后，电视图像就传输到飞行员面前的电视屏幕上面，然后由导弹上的电视设备把目标图像锁定，当摄像机的十字线和瞄准线重合，就可以发射导弹。

基本参数	
弹长	2.49米
弹径	0.3米
翼展	0.72米
弹重	210千克
射程	48千米

■ 实战表现

"小牛"导弹在越南战争、中东战争中都有使用，命中率达到87%以上。在海湾战争中，美军共发射了数千枚各型"小牛"导弹。这些导弹对伊拉克的地面武装力量造成了沉重的打击，其中有数千辆坦克、装甲车、火炮和其他车辆被摧毁。

知识链接 >>

在伊拉克战争中，美军还首次使用了"小牛"导弹最新改进型AGM-65G2。它采用了新的软件、目标指示装置和热视自导弹头，在发射前和发射后都可以发现和捕获目标。

▲ F-16战机发射"小牛"导弹瞬间

TRIDENT
"三叉戟"潜地战略导弹（美国）

■ 简要介绍

"三叉戟"三级固体潜地远程弹道导弹是美国洛克希德·马丁公司于 20 世纪 60 年代后期开始研制的美国第三代潜地战略导弹，分 I（C-4，即 UGM-96）、II（D-5，即 UGM-133）两种型号，分别于 1979 年和 1990 年部署在"海神"和"三叉戟"潜艇上。

■ 研制历程

1969 年，美国洛克希德·马丁公司应美国海军取代"北极星"导弹的要求，开始了"三叉戟 I"型潜地远程弹道导弹的研制工作。1976 年 12 月投产，1979 年正式装备美国海军。1983 年，"三叉戟 II"型导弹正式开始了研制工作；1990 年 3 月，"三叉戟 II"型导弹宣布形成了初始作战能力。

"三叉戟"导弹用三级固体运载火箭发射，配备多弹头，可攻击不同的目标。采用惯性导航系统，并辅以天文导航和卫星导航，这使其打击目标更加精确，故"三叉戟"导弹比大多数陆基弹道导弹命中精度更高。"三叉戟"导弹的射程又很远，这样可使导弹潜艇在大西洋和太平洋的任何地方巡逻，增加了敌方的搜索难度。

基本参数

弹长	10.4 米
弹径	1.8 米
命中精度	450 米
最大射程	7400 千米
发射重量	58068 千克

■ 实战表现

美国原计划将"三叉戟 II"型潜地导弹装在俄亥俄级潜艇上，而后在 1989 年加入太平洋舰队，1992 年加入大西洋舰队。其中有 9 艘在建造时就装上本型导弹，有 8 艘原来装 I 型导弹的潜艇将改装以容纳 II 型导弹。合计最后 17 艘潜艇携带 408 枚"三叉戟 II"型导弹。

知识链接 >>

英国新型"前卫"级潜艇也搭载"三叉戟Ⅱ"型导弹，不过其"三叉戟"导弹的弹头部分是由英国自行设计的，其4艘潜艇，每艘可携带16枚三叉戟导弹总共有64枚导弹，这将使英国拥有的弹头数从192枚增加为512枚。

▲ "三叉戟"导弹分导弹头

FIM-92

FIM-92"毒刺"地空导弹（美国）

■ 简要介绍

FIM-92"毒刺"导弹是美国通用动力公司于20世纪60年代研制的第二代便携式地空导弹武器系统，重要类型是FIM-92A地空导弹，可从卡车和装甲车上发射，甚至可由单兵肩扛发射，主要用于野战防空，对付低空、超低空飞行的飞机和直升机。

■ 研制历程

1967年，美国通用公司为替换已经老旧的FIM-43"红眼睛"防空导弹，开始了FIM-92"毒刺"便携式地空导弹的方案设计。1972年7月，"毒刺"开始工程研制，此后几年进行试验改进。1981年2月开始服役，陆军正式编号为FIM-92A。

"毒刺"地空导弹重量轻，虽然官方要求两人一组操作，单人亦可操作，并可装在悍马车改装的"复仇者"载具上或M2布莱德雷步兵战车上，也可以由伞兵携带快速部署于敌军后方，因此有较强的可靠性和机动能力。

该弹采用被动光学双色寻的头，有较强的抗红外干扰能力。能全方位攻击4800米范围内和3800米高度下的高速、低空和超低空飞行的飞机和直升机。

在FIM-92A生产的同时，"毒刺"还推出了有新的寻标器的改良型FIM-92B。20世纪90年代，先后推出升级版的C～E型。

■ 实战表现

在阿富汗战争中，阿富汗游击队为对付苏联直升机的围剿，开始使用美国提供的FIM-92A地空导弹，1986—1988年，共击落飞机与直升机269架，使苏联军队装备的米-24武装直升机不敢轻举妄动。"毒刺"导弹也因此成为世界上击落飞机最多的便携式防空导弹。

基本参数	
弹长	1.52米
弹径	0.07米
弹重	15.65千克
最大射程	5.68千米
最大射高	4.8千米

▲ FIM-92 "毒刺"地空导弹

知识链接 >>

FIM-92A 导弹的红外寻的导引头采用锑化铟探测器，工作波长为 4.1 微米至 4.4 微米；FIM-92B 导弹的导引头采用微处理器控制的图像扫描光学系统，具有红外/紫外双色探测器及两个微处理器，可同时对光谱中的红外和紫外两个波段进行扫描，使制导系统可获得更清晰细致的影像及目标图像，增强了导弹对红外辐射强度低的目标的探测能力。

MIM-104
"爱国者"地空导弹（美国）

■ 简要介绍

　　"爱国者"是美国雷神公司 1967 年开始研制的第三代中远程、中高空地空导弹系统，前后历时 17 年，主要有 PAC-1、PAC-2 和 PAC-3 等型号，从而取代了"胜利女神力士"导弹，成为美军高及中高度防空武器。在海湾战争后，"爱国者"武器系统广为人知，成为美国的代表性武器之一。

■ 研制历程

　　1967 年，美国为取代之前的"奈基Ⅱ""霍克"防空导弹，开始集中精力发展第三代导弹系统，"爱国者"中远程、中高空地空作为美国陆军为适应未来复杂的作战环境和不断变化发展的空中突击力量所造成的威胁的手段，而因此被重点提出研制。

　　1970 年，"爱国者"的承包商美国雷神公司进行了首次试验，1982 年制成，1984 开始装备部队并服役，前后历时 17 年，耗资 20 亿美元。

　　此后，该导弹系统一直在进行升级改造。

基本参数	
弹长	5.8米
弹径	0.41米
弹重	700千克
最大射程	160千米

■ 作战性能

　　"爱国者"地空导弹系统具有全天候、全空域、多用途作战能力。雷达采用了电扫描，能在电子干扰较为严重的环境下同时对 100 个目标进行搜索和监视，并制导 8 枚导弹，拦截不同方向和各种高度上飞行的近程导弹并进行打击。另外，由于"爱国者"武器设备系统少，其全部装备所在的 4 辆拖车既可以陆地行驶，也可以进行海运和空运，机动性能好。

▲ "爱国者"地空导弹

知识链接 >>

海湾战争中,"爱国者"导弹被指派去击落"飞毛腿"导弹。1991年1月18日,它第一次成功拦截及摧毁了一枚发射到沙特阿拉伯的"飞毛腿"导弹。这是以一个空防系统首次击落一枚敌方弹道导弹。经数据统计,"爱国者"在海湾战争中,对飞机的命中率达到90%,对战术导弹的命中率达到75%～80%,因此被誉为"飞毛腿"的克星。

HARPOON

"鱼叉"反舰导弹（美国）

■ 简要介绍

"鱼叉"系列反舰导弹是由美国麦克唐纳－道格拉斯公司于20世纪70年代开发的全天候高亚声速巡航式反舰导弹，在1979年装备部队使用，也是美国海空军现役最主要的反舰武器。该导弹可以自飞机、各类水面军舰以及潜艇上发射。除美国外，"鱼叉"导弹还出口十余个国家。

■ 研制历程

20世纪70年代初期，美国海军正式开始研发"鱼叉"系列反舰导弹。麦克唐纳－道格拉斯公司作为主承包商，在70年代后期即成功研制空舰型"鱼叉"（AGM-84A）和舰舰型"鱼叉"（RGM-84A）导弹，随即转入批量生产，装备美国海军的飞机和舰艇。

80年代初期，又推出潜舰型"鱼叉"（UGM-84A）导弹；90年代，为了争夺国际市场，又发展了岸舰型"鱼叉"（CD Harpoon）导弹。此后为了适应新的作战需求和提高战术技术性能，在原型技术方案的基础上不断改进，"鱼叉"导弹共有RGM/AGM/UGM-84 A、B、C……Blook 1A至1G等多种型号，成为能从舰艇、飞机、潜艇和岸基多种平台发射的全系列全方位的反舰导弹族。

基本参数

弹长	3.84米
弹径	0.344米
翼展	0.914米
弹重	691千克
射程	120千米

■ 作战性能

"鱼叉"反舰导弹作为一种高亚声速掠海反舰导弹，有很好的适应性，可从多种发射平台发射，因此能大量装备部队，迅速形成战斗力。该导弹动力装置为一台涡喷发动机，其进气口潜隐弹体内，适合潜艇标准鱼雷发射。导弹水下发射运载器是一种无动力运载器，在水下运行无声音，隐蔽性好，不易被发现。该型导弹有很强的抗干扰能力，射程也较远。

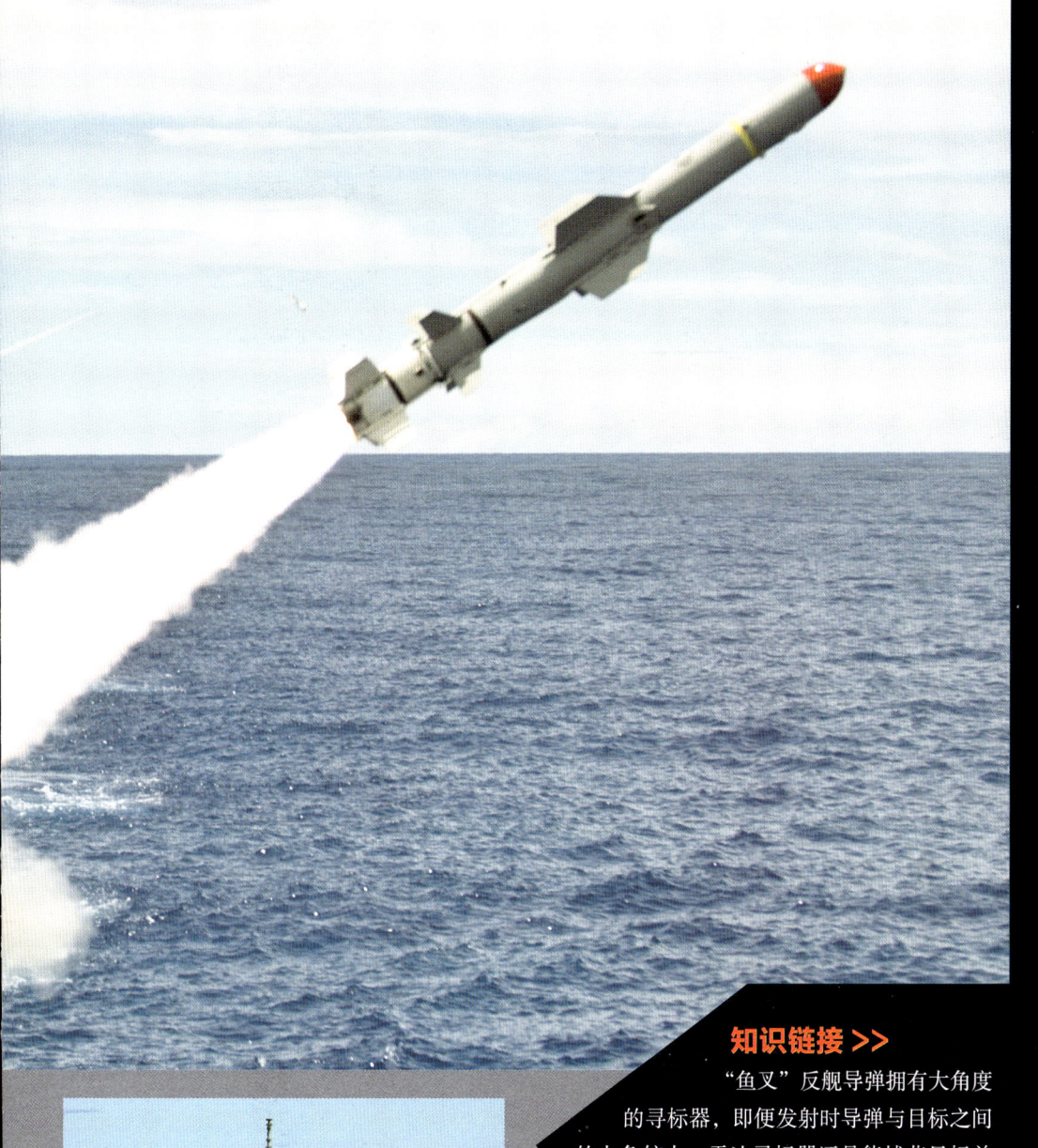

知识链接 >>

"鱼叉"反舰导弹拥有大角度的寻标器,即便发射时导弹与目标之间的夹角较大,雷达寻标器还是能捕获目标并控制导弹转向,所以其发射器对于射界的要求低,不必占用舰上射界最好的前、后位置(这些位置通常需留给舰炮与防空导弹),通常以横向安装于舰体中部上层结构之间,最大幅度地节省甲板空间。

▲ 美国提康德罗加级导弹巡洋舰发射"鱼叉"反舰导弹

TOMAHAWK
"战斧"巡航导弹（美国）

■ 简要介绍

"战斧"巡航导弹是美国通用动力公司20世纪70年代开始研发的一种从敌防御火力圈外投射的纵深打击武器，主要用于对严密设防区域的目标实施精确攻击，是美国现役最主要的巡航导弹和远程打击力量之一。共有战斧A、B、C、D、G等以及其多种子型号。

■ 研制历程

20世纪70年代初期，因微电子、小型航空发动机及隐身技术等高科技的进步，从1972年开始，美国通用动力公司相继推出了亚声速、全天候、多用途的"战斧"BGM-109/AGM-109巡航导弹。此后经过近30年的发展，"战斧"巡航导弹家族已发展了三代，型号达22种。

"战斧"巡航导弹的战斗部装有4.54千克的高能炸药，装有多种高技术电子仪器，遇山爬坡，遇沟下降，命中精度高，其误差不超过10米。该导弹能精确命中目标的秘密是装有一个"惯性导航＋地形匹配＋数字景象匹配区域相关器"的两级制导系统，在飞行途中由一部雷达测高器及储存在计算机内的地形详图对关键地标的地形进行比较，只要导弹稍稍偏离航线，即刻便可得到修正。

■ 实战表现

在整个海湾战争期间，美军的水面舰艇、潜艇在波斯湾、红海和地中海向伊拉克发射了约290枚对陆常规攻击型BGM-109C、D"战斧"巡航导弹。其中，在战争的第10天发射了约100枚，而用于首次突击的52枚导弹中有51枚命中目标，命中率达98%。

基本参数	
弹长	5.56米
弹径	0.53米
命中精度	10米
最大射程	2500千米
发射重量	1200千克

▲ 美国阿利·伯克级驱逐舰发射"战斧"巡航导弹

知识链接 >>

"战斧"BGM-109/AGM-109巡航导弹,还有另外一种称呼:"布洛克(BLOCK)"。其中布洛克1、布洛克2、布洛克3分别是指第一代、第二代、第三代"战斧"巡航导弹。由于技术和经费等原因,"战斧"巡航导弹大部分尚未列装就告夭折。目前真正装备美军的,只有三代5个型号:BGM-109A、BGM-109B、BGM-109C、BGM-109D和BGM-109E。

MIM-23 鹰式导弹（美国）

■ 简要介绍

　　MIM-23 导弹系统的主要任务是对划定的空域提供有力的防御。由于 MIM-23 导弹的射程较远，航路捷径大，所以它适用于大面积防御。而且 MIM-23 导弹有专门的抗干扰系统，能够在杂波、消极和欺骗式的电子干扰情况下进行作战。

■ 研制历程

　　MIM-23 导弹的布局与结构属于典型的第二代防空导弹布局，其基本型与改进型导弹的外形相同，都是采用无尾式气动布局。头部呈锥形，用玻璃钢纤维材料制成。弹翼为梯形，位于弹体中部稍后，前缘后掠角 76°，后缘与弹体垂直。一对弹翼的总面积约为 1.86 平方米（包括弹体部分）。4 片矩形舵接在弹翼后缘，除保持稳定和控制俯仰与偏航外，还控制导弹的滚动稳定。

　　舵面用铝合金制成，一对舵的面积约为 0.2 平方米。弹体由 5 个舱段组成。导引头舱天线罩内装有抛物面天线。电子仪器舱装雷达接收机。

基本参数	
弹长	5.08 米
弹径	0.37 米
射高	30 米~13700 米
作战范围	40 千米
重量	590 千克

■ 作战性能

　　20 世纪 80 年代，MIM-23 鹰式导弹逐步为"爱国者"防空导弹所取代，但其他国家和地区的经改进后，仍在大量服役。该型导弹参加了 1967 年和 1973 年的中东战争，并在两伊战争中继续参战。尤其在第四次中东战争中，该型导弹表现出较强的实战能力。

▲ MIM-23 鹰式导弹

知识链接 >>

1950 年，美军认为新的防空导弹也必须具有相当的战略、战术双重机动性，达到具备伴随装甲部队行进速度的要求，及时为快速推进的装甲部队撑开防空伞。于是美国陆军野战炮兵司令部受美国国防部委托在 1951 年提出了研制一种机动性能好，在中、低空作战的防空导弹，代号为 Homing All-the-Way Killer，意思是"全程导向杀手"，缩写为"HAWK"。

RIM-66

RIM-66"标准"中程导弹（美国）

■ 简要介绍

RIM-66 防空导弹，是以美国雷神公司为主研发的一种舰载中程防空导弹，1967年开始在美国海军多种船舰上服役。RIM-66 是首批标准家族的导弹，本型导弹也可用于反舰作战。有标准一型与标准二型两种。

■ 研制历程

标准导弹系以改良后的鞑靼 TRIP 导弹的气动力构型与火箭发动机为基础，改采全新的电池驱动全固态电子元件，以提高反应速度与可靠度。固态元件的标准导弹的暖机时间不到一秒，快速反应性出色。标准导弹系统以同一种基本设计，发展出射程不同的两个基本构型——中短程的中程型（Medium Range，MR）以及长射程的增程型（Extended Range，ER），两者仅在电池持久力、推进系统与自动驾驶仪的设定上有所差异，其余包括弹体设计、支援设备等均完全相同。此种规划能大幅简化美国海军防空导弹的体系。

基本参数（SM-2MR）	
弹长	4.72米
弹径	0.343米
最大射高	19800米
最大射程	150千米~170千米
重量	621千克~708千克

■ 作战部署

1967年，首批 SM-1 MR Block1 正式交付美国海军。标准一型是第一个进入美国海军服役的标准导弹系列，中程型（SM-1ER）的编号为 RIM-66，取代"鞑靼人"导弹，而增程型（SM-1ER）则为 RIM-67A，取代"小猎犬"导弹。标准 SM-1MR 被加利福尼亚级核动力巡洋舰与佩里级舰导弹护卫舰采用，以 MK-13 单臂旋转发射器发射。

知识链接 >>

进入 21 世纪，SM-1 系列均已停产，也没有后续改良。2004 年美国海军佩里级护卫舰上的 MK-13 发射器停止服役，原本舰上配置的 SM-1 导弹则用于出售给还在使用 SM-1 的使用国。一旦这些库存全部耗尽，则这些 SM-1 使用国就必须购买标准 SM-2。

▲ RIM-66 导弹发射瞬间

RIM-161

RIM-161 "标准"三型导弹（美国）

■ 简要介绍

RIM-161"标准"三型导弹是美国海基战区导弹防御系统（TMD）的重要一环，用来拦截中、远程弹道导弹。SM-3 导弹也可以当作反卫星武器来使用，可以对抗位于近地轨道近端的卫星。目前 SM-3 导弹主要用于美国海军、日本海上自卫队及荷兰皇家海军使用。

■ 研制历程

"标准"三型导弹（SM-3）是 RIM-156 SM-2ER Block4 导弹的派生型号，SM-3 使用 SM-2ER Block4A 基本型号的弹身和推进装置，加入了第三级火箭发动机，一个 GPS/INS 导航部分，一个轻型大气层外动能拦截弹头，所采用的发射船将同时更新"宙斯盾轻型大气层外拦截系统"的相关软硬件。

LEAP 使用一个前视红外传感器来定位目标，1992 年至 1995 年搭载在小猎犬导弹上进行了 4 次发射试验。试验中使用改装的小猎犬和标准 2 导弹，尝试进行两次拦截发射，但两次均告失败。

基本参数

弹长	6.55 米
弹径	0.34 米
射高	160 千米~500 千米
最大射程	500 千米
速度	9600 千米 / 小时

■ 作战部署

2007 年 12 月，日本测试成功 SM-3 Block IA 导弹于金刚级神盾舰上发射拦截导弹。这也是日本第一次使用神盾战斗系统演练拦截导弹，先前都只是通信模拟演练，攻击人造卫星。截至 2004 年 1 月，SM-3 已经进行了 4 次拦截试验。目前，雷神公司已向美军交付了 6 枚 SM-3 的改进型 Block I 导弹，还将根据合同交付其他 5 枚或更多。

知识链接 >>

2003年6月18日进行的代号"FM5"发射试验中出现故障,这次试验是首次在一个真实模拟场景中来测试SDACS。2003年,"FM-6"发射试验成功拦截了目标,但SM-3计划仍然出现了明显的延误。"FM-7"试验屡次推迟,最终还是在2005年2月24日进行,这次试验中使用了标准配置的RIM-161A导弹。

▲ "标准"三型导弹发射瞬间

AGM-88

AGM-88 反辐射导弹（美国）

■ 简要介绍

AGM-88 反辐射导弹是美国海/空军装备使用的第三代机载反辐射导弹，在 RIM-66A "标准" 中程面空导弹的基础上研制。由通用动力公司为主承包商，在该公司的 RIM-66A "标准" 中距舰空导弹基础上，于 1966 年 7 月开始研制，1967 年开始飞行试验。

■ 研制历程

1972 年 4 月，针对"百舌鸟"和"标准"系列的缺点，美国空军和海军展开了"高速反辐射导弹"的研制。AGM-88A 导弹在 1975 年 8 月开始飞行试验，1980 年 11 月基本型 AGM-88A 投入小批量生产，1983 年 3 月批准投入全速生产阶段（生产率每个月 210 枚），同年 5 月开始服役，1993 年，早期型停产时总数量约 19400 枚，1999 年，AGM-88C 停产时总产量约 21300 枚。

该导弹自投产后，就不断进行改进，基本型 AGM-88A 涵盖了全速生产阶段的第一、二批次的 Block 1 和 Block 2，后者改进了制导装置和引信，其余批次都是改进型。

基本参数

弹长	4.17 米
弹径	0.25 米
重量	360 千克
最大射程	90 千米~150 千米
速度	2280 千米/小时

■ 性能特点

AGM-88 反辐射导弹的优点是导引头覆盖频段很宽，虽然其只有一个宽带被动雷达导引头，但频率覆盖范围广，导引头灵敏度很高，AGM-88 甚至能从辐射最弱的尾部进行攻击，这使它更难被对方发现、识别和诱骗。通过采用捷联惯导装置，理论上具有了真正对抗敌方雷达突然关机的能力。

知识链接 >>

该导弹也有一些缺点，除了单价明显太高之外，还有一个缺点是它主要依靠被动雷达导引头，通常只能炸毁雷达天线和波导管，而这些只不过是防空雷达系统中很小的一部分，敌方只要换上预备的天线或进行修复就能继续执行防空任务，因此只依靠该导弹难以完成摧毁整个雷达系统的任务。

▲ AGM-88 标准反辐射导弹

RIM-8 "黄铜骑士" 防空导弹（美国）

■ 简要介绍

"黄铜骑士"是美国海军最早研制、威力较大的远程、中高空舰载防空导弹系统，主要用于舰队防空，以对付 MIM-23 鹰式导弹 (HAWK)。

■ 研制历程

第二次世界大战末期，美国海军为了对付日本"神风"特别攻击机的袭击，由海军军械局提出，约翰·霍普金斯大学应用物理研究所秘密进行一项"大黄蜂"计划，拟研制一种以超声速冲压发动机为动力的舰空导弹系统。1944 年开始论证，1954 年研制阶段结束，并先后在白沙靶场和 AVM-1 "诺顿海峡号"舰上进行多次陆上和舰上发射试验，1956 年 2 月开始将"黄铜骑士"安装在"加尔维斯顿"号巡洋舰上，1958 年 5 月完成，1959 年 2 月在大西洋上进行首次实弹打靶试验，1959 年服役，先后装备了 9 艘导弹巡洋舰，1971 年停止生产。

基本参数	
弹长	11.58 米
弹径	0.76 米
重量	3538 千克
最大射程	92 千米~185 千米
最大射高	24400 米

■ 实战表现

二战末期，美国研制了"RIM-8"舰载远程防空导弹系统，催生了包括"RIM-8""小猎犬"和"鞑靼人"等在内的一个庞大的舰空导弹家族，"RIM-8"及其他型号保护美国海军和西方其他国家战舰免遭空袭 30 年。而作为主角的"RIM-8"更是冷战时期美国海军的头号舰空导弹。

▲ RIM-8 "黄铜骑士"防空导弹

知识链接 >>

随着20世纪60年代中后期新一代"标准"舰空导弹系统,尤其是70年代"宙斯盾"作战系统和"标准"系列导弹的面世,"骑士"亮丽的光环逐步黯淡,最终于1974年开始退役。1980年,所有的"黄铜骑士"全部退出现役,余下的导弹被改装成MQM-8G"汪达尔"超声速靶弹以模拟反舰导弹的威胁,算是发挥"余热"了。

PGM-11 "红石"短程弹道导弹（美国）

■ 简要介绍

PGM-11 "红石"导弹是美国陆军第一种短程弹道导弹，也是美国第一种以德国 V2 火箭技术为核心发展的液态火箭。除了军事上的用途以外，"红石"导弹也在美国太空计划中作出重大贡献，包括发射美国第一颗人造卫星以及将第一位宇航员送上地球轨道。

■ 研制历程

"红石"主要的设计工作在 1952 年年中完成，当年 10 月份克莱斯勒公司接到了该导弹的生产合同。SSM-A-14 装备了一些首次在导弹技术中亮相的设备，比如全惯性制导系统和用于降低阻力（因而增加射程）的可分离战斗部。其采用一台北美火箭达因公司 NAA75-110 液体燃料火箭发动机（也被称为 A-6），其为 XLR-43-NA-1 发动机的发展型。1953 年 8 月，XSSM-A-14 进行了首次成功的试飞。1955 年，克莱斯勒开始生产"红石"火箭。首枚生产型导弹在 1956 年 7 月试飞。1958 年 6 月首批完全入役的"红石"部队被部署在德国。

基本参数	
弹长	21.1米
弹径	1.78米
战斗部	W-39热核战斗部（400万吨）
最大射程	325千米
重量	27800千克

■ 作战性能

"红石"是一种实用短程导弹，其可将 400 万吨级热核战斗部发射到 325 千米（175 海里）以外，圆概率误差为 300 米。然而，一个"红石"导弹营包含近 20 辆重型车辆，机动性很差。一旦到达某个发射地点，就不得不确定发射地点，发射不得不进行，导弹的 3 个部分也不得不进行组装和起竖，工作总共需要 8 小时完成。接收到发射命令之后，加注燃料还要用 15 分钟，之后"红石"才能够最终发射。

知识链接 >>

"红石"导弹在美国早期的太空计划中是一种非常重要的导弹。其构成了朱诺 I 火箭的第一级，后者用于发射美国的首颗人造卫星，并在亚轨道飞行的水星 - 红石计划中扮演了相当重要的角色，该计划直接指向美国采用水星 - 阿特拉斯火箭的首次载人航天飞行。

▲ PGM-11 "红石"短程弹道导弹

PGM-17

PGM-17"雷神"导弹（美国）

■ 简要介绍

PGM-17"雷神"导弹是美国空军第一代战略弹道导弹，名字来自北欧神话中的雷神索尔。1959年至1963年9月，作为中程弹道导弹部署在英国。导弹高20米，直径2.4米。可携带一枚热核弹头，从英国发射可以打到莫斯科。

■ 研制历程

1954年进行初期研制，1955年11月30日道格拉斯飞机公司、洛克希德公司和北美飞机公司参与投标，12月27日道格拉斯获得弹体建造合同，北美飞机公司下属的洛克达因公司获得引擎合同。

1956年7月导弹定型，1957年1月25日在佛罗里达州卡纳维拉尔角空军基地进行首次试射。此后多次试飞成功，最大射程达到2400千米。1958年8月开始在英国部署全部60枚"雷神"导弹。

基本参数

弹长	19.76米
弹径	2.4米
弹头质量	1000千克
有效射程	2400千米~3200千米
重量	49590千克

■ 作战性能

PGM-17弹长19.8米，有效射程为2400千米~3200千米，命中精度约为4千米~8千米。"雷神"是单级导弹。弹体为半硬壳结构，呈圆柱形，弹体蒙皮就是推进剂箱体的箱壁。尾段装1台主发动机和2台小型游动发动机。制导舱设在推进剂箱和头锥之间。导弹的主要结构材料为铝合金，质量为5.0吨左右。弹头的爆炸威力为100万吨TNT当量。整个弹头（包括辅助系统和仪器在内）质量约为1.8吨。

知识链接 >>

"雷神"导弹于1963年4月退役后,被用作运载火箭的第一级(芯级),下部捆绑固体助推器,顶部串联不同的上面级,先后发展过20多个型号,形成了一个较完整的"雷神—德尔塔"运载火箭系列(三角洲系列运载火箭)。

▲ 在1962年7月的一次核试验中,"雷神"导弹发射失败并且爆炸

LGM-30

LGM-30 "民兵Ⅲ" 洲际弹道导弹（美国）

■ 简要介绍

LGM-30G "民兵Ⅲ" 洲际弹道导弹是美国波音公司于1966年开始研制的第三代地地洲际弹道导弹，也是世界上第一种装分导式多弹头的地地战略导弹。该导弹对目标选择更灵活，命中精度高，并具有较强的生存能力和突防能力。

■ 研制历程

从1958年开始，美国波音公司开始研制采用全新的固体燃料的导弹系列"民兵Ⅰ"A型和B型；其后又推出了二、三代过渡型"民兵Ⅱ"型。1966年，终于研制出装备有分导式再入飞行器的"民兵Ⅲ"型。

"民兵Ⅲ"洲际弹道导弹前三级采用固体火箭发动机，末助推级采用液体火箭发动机。在第三级分离后不久，末助推控制系统开始工作，按计算机预定程序，对母弹头的速度和方向进行调整，而后依次投放子弹头，落点间距离可达60千米~90千米或更远一些，能有效地突破敌方反导弹武器的拦截，具有打击多个目标的能力。

该导弹上装有指令数据转换系统，可随时更换计算机内储存的目标，使导弹具有更灵活的选择目标的能力。

▲ 发射井内的一枚"民兵Ⅲ"型弹道导弹

▲ "民兵Ⅲ"型洲际弹道导弹

基本参数

弹长	17.55 米
弹径	1.67 米
命中精度	560 米
最大射程	11260 千米
发射重量	331 吨

■ 部署情况

"民兵Ⅲ"导弹于1970年开始装备于军队，计划装备550枚。曾在马尔史东空军基地部署50枚，米诺特空军基地部署150枚，华伦空军基地部署186枚，格兰德福克斯空军基地部署150枚。

▲ 早期的发射控制位

知识链接 >>

早期的"民兵Ⅲ"洲际弹道导弹携行 12A 型重返大气层载具与三颗当量 35 万吨的核弹头。1982 年到 1987 年完成改进后,"民兵Ⅲ"洲际弹道导弹准确度,除确认了导弹电脑中软硬件所造成的准确度上的误差外,还按照要求完成准确度达 25% 的改进。其他的改良称为"一钉之距"计划,改进了"民兵Ⅱ"及"民兵Ⅲ"型洲际弹道导弹的发射与控制装置,使其更加符合实战的要求。

LGM-118A

LGM-118A "和平卫士"洲际弹道导弹

(美国)

■ 简要介绍

LGM-118A "和平卫士"洲际弹道导弹是美国马丁·马丽埃塔公司于1971年开始研制的第四代战略弹道导弹，1986年服役，是当时美国最先进的战略导弹之一，被誉为"划时代的洲际弹道导弹"。

■ 研制历程

1971年，美国开始设计一种比"民兵Ⅲ"导弹准确度、存活率、射程和运用弹性更好的武器，即MX导弹，用以打击坚固军事目标、摧毁敌方的加固导弹发射井；主承包商是马丁·马丽埃塔公司。

"和平卫士"是一种多目标重返大气层载具导弹，由弹头和弹体组成。弹头包括子弹释放舱——装有10枚33.5万吨TNT当量的W87核弹头的MK-21重返载具和整流罩。弹体分四级，前三级为固体火箭发动机，第四级为液体火箭发动机。

"和平卫士"装载的W-87型核弹头可以说是现今最精确有效的弹头，其圆周公算偏差值在100米，被认为有足够的能力摧毁任何强化工事目标，包括特别强化的陆基洲际弹道导弹掩体及首长的防护掩体。其制导系统为惯性参考球，从而使该弹成为当时世界上精度最高的洲际导弹。

基本参数	
弹长	17.55米
弹径	1.67米
命中精度	560米
最大射程	11260千米
发射重量	331吨

■ 实战部署

"和平卫士"洲际弹道导弹于1986年开始服役于美国军队。关于其部署，曾引起争议。有的意见是使用飞机，后来焦点又集中在地面部署，使用公路机动卡车或在地下隧道里的铁路货车。1982年，里根政府核准了"紧密部署计划"。

▲ "和平卫士"洲际弹道导弹最多可搭载十枚分导核弹头

知识链接 >>

就像是 B-1 战略轰炸机一样，"和平卫士"导弹系统开销庞大，并对西方防御或威胁一点帮助都没有，从而引发了如何部署它的争议。其中使用飞机一派的理由是：1974 年，"民兵"导弹曾从 C-5 运输机上以降落伞方式投掷下来，在下降中导弹启动引擎并成功爬升起来。

▲ "和平卫士"弹道导弹的八枚分导核弹头进入大气层瞬间，每一枚相当于 25 倍"小男孩"原子弹的爆炸威力

AGM-114

AGM-114"地狱火"反坦克导弹

（美国）

■ 简要介绍

AGM-114"地狱火"反坦克导弹又称"海尔法"导弹，是美国洛克希德·马丁公司于20世纪70年代初为陆军取代"陶"反坦克导弹，在"大黄蜂"电视制导空地导弹基础上研制的一种直升机发射的近程空地导弹，是美国陆军装备使用的第三代反坦克导弹，装备于其新一代武装直升机，用以攻击坦克或地面其他小型目标。

■ 研制历程

1970年，"地狱火"AGM-114A开始研制，1971年开始试验，至1975年共试射56枚，41枚成功。其中29枚与激光指示器配用，21枚成功。

1976年，该导弹正式定为"阿帕奇"（AH-64A）攻击直升机机载武器，1982年投产。1983年，开始车载发射试验。1984年，美国陆军航空兵和海军陆战队分别进行了大量试验，之后经过改进，共产生了A、B、C、D四种型号。

基本参数

弹长	1.63米
弹径	0.178米
射程	8千米
弹重	49千克

■ 作战性能

AGM-114的主要特点是发射距离远、精度高、威力大。抗干扰能力极其出色，采用激光制导。另外该导弹采用模块式设计，可根据战术需要和气象条件选用不同制导方式，配备不同导引头。其中有一种射频/红外导引头，专门用于对付配有雷达的防空导弹、高射炮武器系统。

知识链接 >>

海湾战争中，"地狱火"导弹得到了广泛使用，主要配备在"阿帕奇"AH-64A型攻击直升机和海军陆战队装备的AH-1W型"超级眼镜蛇"攻击直升机、"悍马"突击车和A-10攻击机上。

▲ 美国海鹰直升机发射"地狱火"导弹

AIM-120

AIM-120"监狱"中程空空导弹（美国）

■ 简要介绍

AIM-120"监狱"是美国雷锡恩公司于20世纪70年代末开始研制的第一款主动超视距雷达制导空空导弹。这种"发射后不管"的先进中距空空导弹揭开了世界空战史上新的一页，并由此成为世界多国空军争相采购的武器。

■ 研制历程

冷战早期，超视距空战中大多采用半主动雷达制导的导弹，发射导弹后，载机必须保持对目标的跟踪和照射，直至击中目标。在这段时间里，载机基本上不能有大动作，这对载机和飞行员的安全是极大的威胁，因为被敌方击中的概率很大。

针对这种情况，从1979年开始，美国雷锡恩公司开始研制一种先进的中程空空导弹。经过近10年的努力，1988年基本完成了"先进中距空空导弹"的研制工作，定型后命名为AIM-120，绰号"监狱"，于1992年开始大规模生产。此后十几年来，AIM-120相继衍生了A、B、C、D四种型号。

基本参数

弹长	3.65米
弹径	0.18米
翼展	0.63米
最大射程	60千米
发射重量	157千克

■ 作战性能

AIM-120导弹的前期跟踪靠惯性制导或指令惯性制导，末制导则由主动雷达寻引头负责。其最大优势是"发射后不管"，1架载机可同时发射8枚AIM-120A，攻击8个不同的目标。在多目标情况下，载机发射的多枚导弹会"各寻其主"，后一枚导弹不会去追杀已被前一枚导弹攻击的目标。飞机将导弹发射出去后，即可飞离危险区。

▲ AIM-120 空空导弹

知识链接 >>

1991 年 9 月，AIM-120A 就已经开始装备于美国空军的 F-15 重型战斗机，翌年 2 月又装备在 F-16 战斗机上。美国海军的 F/A-18 "大黄蜂"则在 1993 年 10 月首次换装这种先进空空导弹。除美国空军、海军外，AIM-120 还是世界多国空军争相采购的武器，装备于英国的"海鹞"、法国的"幻影"2000、德国的 F-4F 和"狂风"等战斗机。

MGM-134

MGM-134"侏儒"洲际弹道导弹

（美国）

■ 简要介绍

"侏儒"导弹是由 1983 年美国刚组建的"总统战略力量委员会"提出、数家公司共同研制的公路机动的小型固体洲际弹道导弹，用于打击导弹地下井这一类硬目标，并且通过机动性提高导弹发射前的生存能力，以弥补 MX"和平卫士"在这方面的不足。因此"侏儒"也是美国第五代战略弹道导弹。

■ 研制历程

1983 年 4 月 11 日，美国"总统战略力量委员会"成立。随后，委员会就提出，MX 大型欧洲洲际弹道导弹机动性差，生存能力不够，有必要开发一种公路机动的小型固体洲际弹道导弹。同年 5 月 3 日，空军就成立"侏儒"导弹计划局。该局组织军方和承包商迅速开展有关研制、投标和签约等工作。参加"侏儒"导弹预先研制的主要公司有：波音航空航天公司、古德伊尔航空公司、马丁·马丽埃塔公司、通用动力公司、贝尔航空航天公司、洛克希德导弹与航空航大公司和麦克唐纳-道格拉斯公司等。

1986 年，"侏儒"导弹计划进入全面研制阶段，1989 年年末开始首次飞行试验，1992 年试飞成功，具备初步作战能力，正式命名为 MGM-134。

基本参数	
弹长	16.15米
弹径	1.17米
弹重	16.8吨
最大射程	12000千米

■ 作战性能

"侏儒"导弹主要特点是三级固体火箭发动机均采用高能硝酸酯增塑聚醚复合药柱，壳体用高强度石墨/环氧树脂复合材料；采用轻型高级惯性参考加中段和末段修正的全程制导，或环形激光陀螺及星光制导。"侏儒"导弹配备 MK21 单弹头。单弹头内装有先进的突防装置，可自行机动以避开反弹道导弹的拦截。导弹用全封闭式加固的机动发射车运输，以公路机动发射为主。

▲ "侏儒"洲际弹道导弹发射车

知识链接 >>

装载"侏儒"的导弹运输车也很有特点:运输车为全封闭式加固的机动车辆,配有锚定器、密封围裙、穿地桩等装置,车辆的底盘上还有一个排气室,能产生高真空,可以使运输车像壁虎一样"吸"在地面上,可承受21万帕斯卡的超压。这样,即使遇到强烈的核爆炸,也不至于翻车,等核辐射和冲击波过后,运输车即可打开车顶,竖起导弹迅速发射。

AGM-84E

AGM-84E "斯拉姆"防区外攻击导弹（美国）

■ 简要介绍

AGM-84E "斯拉姆"导弹是美国麦道公司于20世纪80年代后期在"鱼叉"空舰导弹的基础上进行改型而研制出来的。这种导弹既可攻击海上目标（如海上舰艇以及近海石油平台等），也可攻击陆上目标。

■ 研制历程

早在1964年，美国波音公司为在战略轰炸机突防时补充和取代"猎犬"导弹，压制地面雷达、地空导弹和其他重要目标，就已经开始研制第二代战略空地导弹，于1968年推出，取名"斯腊姆"（SRAM）。

1986年，美国麦道公司在AGM-84A"鱼叉"空舰导弹的基础上，开始研制新型AGM-84E空地导弹，研制这种导弹耗资6000万美元，历时3年之久。1989年在太平洋导弹试验中心靶场首次试验即获成功，随后便进入大规模生产阶段。为区别波音公司的"斯腊姆"，称为"斯拉姆"（SLAM）。

基本参数

弹长	4.49 米
弹径	0.34 米
翼展	0.91 米
最大射程	100 千米
发射重量	628 千克

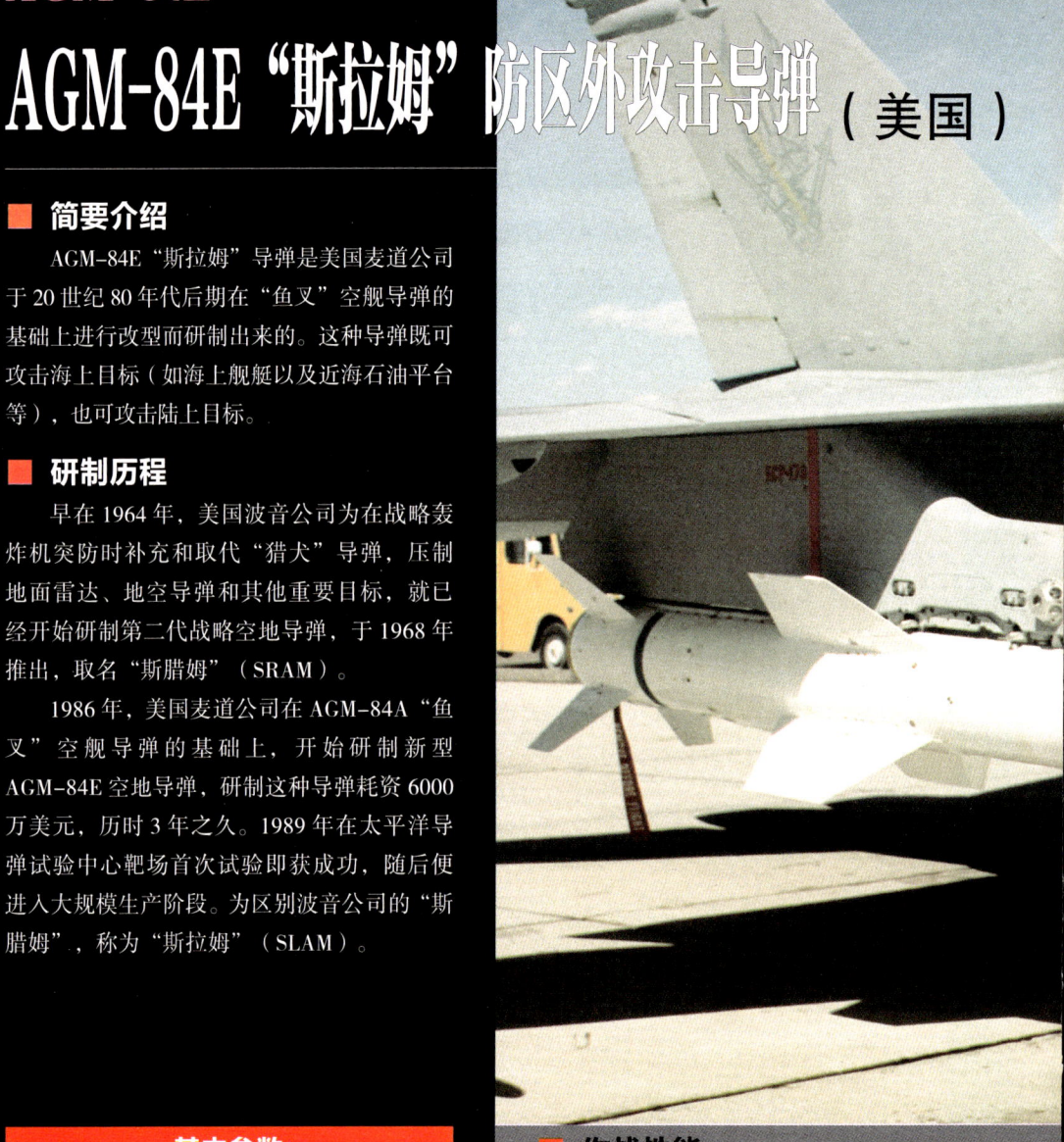

■ 作战性能

"斯拉姆"导弹的制导和控制组件包括：红外成像寻的导引头、惯性制导系统、数据传输装置、全球卫星定位系统（GPS）接收机、自动驾驶仪和无线电高度表。导弹采用"惯性+GPS+红外成像寻的制导"方式，突出优点是有很强的抗干扰能力；灵敏度和空间分辨率较高；红外线比可见光成像更能较易穿透雾、烟，其探测距离可达3~6倍；命中精度高，能识别目标类型和攻击目标的要害部位。

知识链接 >>

在1991年海湾战争的一次战斗中，美国一架A-6E"入侵者"重型攻击机和另一架A-7E"海盗"轻型攻击机奉命从位于红海的"肯尼迪"号航空母舰上起飞，轰炸一座水力发电站。A-6E"入侵者"飞到距离目标100千米处发射了一枚"斯拉姆"空地导弹，A-7E"海盗"也发射了一枚"斯拉姆"，第二枚从第一枚所击穿的弹孔中飞进去，彻底摧毁了发电站。

▲ AGM-84E 被装载到 F-A-18C "大黄蜂"战斗机上

AGM-129

AGM-129 "阿克姆"先进巡航导弹

（美国）

■ 简要介绍

AGM-129 "阿克姆"是美国通用动力公司（现休斯导弹系统公司）20世纪80年代为战略空军装备使用的第一个隐身战略空射巡航导弹，属于第四战略空地导弹。该导弹能够有效躲避雷达和地面防空体系，在任何地形条件下摧毁敌方坚固的地面工事。

■ 研制历程

1982年，美国第一个航空中队的16架B-52轰炸机完成了改装AGM-86B空射巡航导弹后，随着隐身技术的极大突破，开始着手研制空防能力更强的隐身巡航导弹。很快美国总统就同意了美国国防部提出的研制"阿克姆"AGM-129先进巡航导弹要求。

1982年9月，国防部向波音、通用动力和洛克希德三家公司发出研制该先进巡航导弹的招标，次年通用动力公司获胜并签订研制合同。1985年7月首次飞行试验，1986年7月投入生产。1987年还选定麦道公司为第二主承包商。

基本参数

弹长	6.35米
弹径	0.70米
命中精度	16米
最大射程	3000千米
发射重量	1680千克

■ 作战性能

AGM-129导弹是一种隐形空射战略导弹，它采用独特的隐身气动外形设计和巧妙的结构布局，使导弹具有较好的隐雷达、隐红外和隐声学的性能。同时，该导弹采用耗油率低的涡轮风扇发动机并用气冷式高压涡轮叶片，可提高推力、增大射程，明显降低红外信号特征。AGM-129在惯性导航+地形匹配复合制导系统中使用激光雷达，大大提高了导弹的命中精度。

知识链接 >>

　　AGM-129 最初计划生产 2500 枚，后又削减到 1460 枚和 1000 枚，其中分为带核战斗部的 A 型与非核战斗部的 B 型，各 880 枚和 120 枚。截至 1993 年最后一枚 AGM-129 出厂，共生产了 460 枚。在载机方面，由于改装适应性工程耗资巨大，目前只有 B-52H 战略轰炸机完成改装，而 B-1B 和 B-2A 均尚未完成改装。

▲ B-52 轰炸机加挂 AGM-129 导弹

FGM-148 "标枪"反坦克导弹（美国）

■ 简要介绍

FGM-148 "标枪"导弹是美国于 1989 年开始合作研制的一种单兵反坦克导弹，被视为世界上第一种"发射后不管"的中程反坦克导弹。此系统对装甲车辆采用顶部攻击的飞行模式，也可用直接攻击模式攻击建筑物、防御阵地或直升机。

■ 研制历程

20 世纪 60 年代以来，美国陆军士兵对单兵携带的轻型反坦克导弹"龙"M-47 在作战中屡屡出问题极不耐烦，直到 1989 年，忍无可忍的美国陆军提出研制新型步兵反坦克导弹项目要求，最后"标枪"导弹成了各大公司产品集成出来的杂烩，1994 年正式量产。

"标枪"系统作为陆军携行式单兵反坦克武器，重量轻、弹体小，整套系统包括制导系统及射控主件约重 22.7 千克。其战斗部充分考虑了如何对付目前的主战坦克装甲，为预装药弹头，而在其鼻锥形钼质套筒衬垫内装有的 Lx-14 主装药，用以摧毁主装甲。

与光纤制导系统相比，"标枪"真正成为世界上第一种"发射后不管"的反坦克导弹，它大大提高了近距离作战中参战人员的生存能力。

基本参数

弹长	1.1 米
弹径	0.127 米
弹重	22.3 千克
射程	2.5 千米

■ 作战性能

"标枪"反坦克导弹目前有三种不同的发射方式：第一种是三脚支架式，三联装发射架；第二种是装甲车载四联装发射架；第三种是直升机载空空发射架。同时，美国还在进一步考虑发展四种新的多联装发射架装置，即带有三脚支架和射手座的三联装便携式发射架、带有三脚支架的三联装便携式发射架、"流浪者"轮式汽车装载式、装甲车装载式等。

▲ 正在用"标枪"反坦克导弹的士兵

知识链接 >>

"标枪"反坦克导弹系统有两种交战模式：第一种是攻顶模式：该模式攻击主要用于反主战坦克和装甲车，采用高抛弹道，导弹发射后向上爬升，从上往下攻击坦克炮塔，攻顶模式时弹道高度为 150 米。第二种是直瞄攻击模式：该模式主要用于打击工事及非装甲目标，导弹射出后马上就能自动导向目标，最大射程 2500 米。

FGM-172 "掠夺者"反坦克导弹（美国）

■ 简要介绍

"掠夺者"导弹是美国洛拉航空公司自1990年开始研制的单兵便携式近程反坦克导弹，目的是为了满足海军陆战队近距离反坦克和市区反坦克作战的需要。该导弹2001年装备于美国部队。

■ 研制历程

20世纪90年代初，美国洛拉航空公司开始研制一种近程突击武器，希望用价格便宜的轻型导弹代替无控的单兵便携式反坦克火箭，于是将其定义为一种射程700米的单兵便携式"发射后不管"反坦克导弹系统，命名为"掠夺者"导弹。

"掠夺者"反坦克导弹武器系统将现有技术融入到重量不超过9.8千克的武器系统中，采用尾翼式气动布局，导弹的最后是4片可折叠的尾翼和电磁阀操纵的燃气喷射反应系统。

作为专门设计的用于对付当前及未来披挂有主动反应装甲的主战坦克，"掠夺者"采用了顶部掠飞式攻击，在目标顶部向下起爆，爆炸成形弹丸战斗部，并且利用激光和磁场来感知目标中心，攻击目标的易损顶部，具有有效的反坦克能力。

基本参数	
弹长	0.86米
弹径	0.14米
弹重	9.8千克
射程	0.7千米

■ 作战性能

"掠夺者"的动力装置颇有特色。它有2台固体燃料发动机，产生的火焰被控制在最低水平，安全性能好。起飞时发动机采用"软发射"方式，将导弹以比较低的初速推出发射筒。即使在有限空间内发射，也不至于造成过强的噪音和过大的增压，给射手带来危险。导弹在发射筒外飞行约5米后，续航发动机点火，导弹飞出125米时，发动机停止工作，导弹获得300米/秒的最大飞行速度。

知识链接 >>

"掠夺者"反坦克导弹武器系统,已经进行了多年的研究,但没有采用真正独特的技术,现有技术融入重量不超过9.8千克的武器系统中,但具有强大对付坦克的能力。"掠夺者"是美国自1990年开始研制的单兵便携式近程反坦克导弹,目的是为了满足海军陆战队近距离反坦克和市区反坦克作战的需要。

▲ "掠夺者"反坦克导弹

TERMINAL HIGH ALTITUDE AREA DEFENSE

"萨德"末段高空区域防御系统（美国）

■ 简要介绍

"萨德"（THAAD）防空导弹是美国于20世纪90年代开始研制的机动式战区弹道导弹防御系统导弹，总承包商为洛克希德·马丁公司。该系统能够拦截射程为3500千米的弹道导弹，作战高度40千米~150千米，防御半径200千米；而且该导弹至今仍在不断改进，其对抗突防和拦截更远射程弹道导弹的能力仍将得到提高。

■ 研制历程

1987年，美国陆军空间与战略防御司令部提出了战区弹道导弹防御的高空防御技术开发计划。1989年美国防部正式公开此项计划，1990年战略防御计划局（现弹道导弹防御局）将合同进行公开招标，1992年洛克希德·马丁公司赢得了合同。1993年，美国国防部将这一开发计划正式称之为战区高空区域防御系统。

1999年8月前，这一系统共进行了11次飞行试验，多以失败告终，遭受重大挫折的战区高空区域防御系统在此后5年多时间里再没有进行拦截试验。

2004年，美国陆军对该系统进行重新设计，并重新命名为"末段高空区域防御系统"——"萨德"（THAAD），于2005年11月恢复飞行试验，部署前共计划进行14次试验。2006年10月在太平洋导弹靶场进行首次试验。

▲ "萨德"导弹发射瞬间

■ 作战性能

"萨德"（THAAD）防空导弹，具有高度自行作战能力，能够采取协调方式，配合各种标准化的美陆军装备和其他导弹防御系统工作，与"爱国者"等低层防御系统及外部的传感器协同作战，能形成有效的高低层防御网，并且提供多次交战机会。与此同时，THAAD系统能与现有的和拟定的战区指挥、情报、监视系统和其他防空系统连接和相互操作。

基本参数	
弹长	未公开
弹径	未公开
最大射程	3500千米
发射重量	未公开

▲ "萨德"末段高空区域防御系统雷达部分

知识链接 >>

2007年1月，美国导弹防御局宣布，根据计划，终端高空区域防御"萨德"防空导弹防御部分的拦截试验于考艾岛的太平洋导弹靶场成功进行。这次试验成功拦截了一枚"高层大气层内"的整体目标，一枚模拟"飞毛腿"弹道导弹从位于考艾岛的移动平台发射，拦截器从太平洋导弹靶场THAAD发射架发射。

AGM-158

AGM-158 JASSM 联合防区外空地导弹

（美国）

■ 简要介绍

JASSM 联合防区外空地导弹是美国洛克希德·马丁公司自20世纪90年代后期开始研制的新型空射巡航导弹，一直持续至21世纪，从 AGM-158 发展到 AGM-158C，为空军装备，主要用于精确打击敌严密设防的指挥与控制系统、通信系统、防空系统、弹道导弹发射架以及舰船等高价值目标。

■ 研制历程

1994年，美国的 AGM-137 "三军防区外攻击导弹"（TSSAM）计划被取消。1996年，洛克希德·马丁公司又开始为美国空/海军研制新一代通用防区外空地导弹。

该项目被称为"联合防区外空地导弹"（JASSM）计划，其使命与 TSSAM 相同，编号 AGM-158。该计划的测试通过论证后开始生产，2003年装备于美军，次年生产规模扩大，并且又推出了 JASSM 的增程型——JASSM-ER 导弹，编号为 AGM-158B，以及尺寸更小的 AGM-158C。

基本参数

弹长	4.72米
弹径	0.55米
弹重	1.02吨
射程	1000千米

■ 作战性能

AGM-158B 型空地导弹，使发射平台可在严密设防的空域和远程地空导弹的射击范围之外，去攻击高价值、重防护的固定或位置可变目标。该导弹的制导方式与基本型的 AGM-158 都为惯性/GPS 导航定位加末段红外成像导引头，能够在 GPS 信号的作用被严重降级的强对抗环境中使用，其在 GPS 遭到强烈干扰情况下的能力已经得到试验验证。

知识链接 >>

AGM-158 于 2003 年开始装备于美国空军和海军。2006 年，JASSM-ER 计划进入飞行试验阶段。TES 的军官表示，随着美国的重点由中东转向太平洋地区，考虑到后一地区存在的强大防御，B-1B 轰炸机与 JASSM 系列导弹的搭配将为作战指挥官提供一个最优选择。而且，就像基本型 JASSM 导弹一样，JASSM-ER 导弹还将配装 B-2 和 B-52 轰炸机，以及 F-15 和 F-16 战斗机。

▲ 美国 F-15 战斗机投掷 JASSM 空地导弹

SA-1 萨姆-1防空导弹（苏联）

■ 简要介绍

萨姆-1防空导弹（SA-1"吉尔德"，苏联编号S-25，或称R-133、V-300）原名"金雕"，是苏联拉沃契金地空导弹设计局于1937年开始研制的，也是苏联最早研制和装备使用的固定式全天候型中程地空导弹武器系统。该导弹主要用于战略要地和国土防空，能对付中高空跨声速飞行的各种飞机。

■ 研制历程

早在1937年时，苏联拉沃契金地空导弹设计局就开始了萨姆-1防空导弹的研制工作。但由于该武器处于秘密研发，一直没有出口过，直到20世纪50年代末，才和萨姆-2"德维纳河"，萨姆-3"涅瓦河"同时亮相。

萨姆-1"金雕"结构复杂，设备庞大，可靠性和机动性都很差，自服役以来各分系统皆无多大改进。不过该导弹配属的一部制导雷达，可同时跟踪30个目标，并对导弹实施制导。而且萨姆-1防空导弹系统在研发、技术、生产工艺及产业经营等方面均是"白手起家"，为以后各型防空导弹的发展奠定了基础。

基本参数	
弹长	4.72米
弹径	0.55米
弹重	1.02吨
射程	1000千米

■ 实战部署

萨姆-1防空导弹在1939年开始装备部队。1960年11月才第一次在莫斯科阅兵式上公开露面。21世纪初，俄罗斯仍保留少量萨姆-1导弹，部署在莫斯科、圣彼得堡等几个大城市周围，担任城市的辅助防空任务。主要用于拦截各种喷气式飞机，也用于拦截导弹。因为战场情况太复杂，怕技术落入敌军手里，所以该武器没有出口过，只在苏联国内部署。

知识链接 >>

"萨姆"是英文缩写词"SAM"的音译名,意为"地空导弹"。苏联每发展一型地空导弹,都进行过命名和编号,但西方感觉使用俄语不便,遂用英文逐一给苏联地空导弹起绰号,并进行相应的编号。于是"萨姆"也成为苏联型号最多的地空导弹,从萨姆-1一直发展到萨姆-24。

▲ 苏联阅兵式上的萨姆-1防空导弹

KC-1 "狗窝"空舰导弹（苏联）

■ 简要介绍

KC-1（北约代号 AS-1，绰号"狗窝"）空舰导弹是苏联米高扬飞机设计局于 1947 年开始研制的，它是苏联自行研制并装备队伍实用的第一个空舰导弹，也是苏联空地导弹系列中的第一个空地导弹型号。

■ 研制历程

1947 年，苏联国防部提出研发本国自行研制的第一个空舰导弹计划，由米高扬飞机设计局负责，定名为 KC-1 计划。1948 年 11 月，KC-1 空舰导弹完成了第一个样弹设计；1949 年 11 月 3 日完成样弹的全部设计；1952 年 1 月 4 日开始进行试飞，同年 5 月开始实弹发射试验，之后即投入生产。

KC-1 空舰导弹采用与米格-15 战斗机相似的弹体结构和外形布局。制导/控制系统由程序/陀螺结构、雷达导引头、升降舵和方向舵的舵机以及副翼舵机等组成，采用初级程控、中段波束制导和末端雷达制导，末制导方式为主动雷达制导。

该弹弹舱较大，内装动力系统和战斗部，其战斗部最大可装 800 千克炸药或核弹头。

基本参数	
弹长	8.29 米
弹径	1.2 米
翼展	4.72 米
弹重	2735 千克
射程	150 千米

■ 作战性能

KS-1 反舰导弹，该导弹分为三种型号，包括"彗星"空舰导弹、"狗鱼"舰舰导弹和"暴风雪"岸舰导弹，导弹在 1953 年陆续列装部队。KS-1 反舰导弹是一种高亚声速反舰导弹，外形类似一架米格-15 战斗机，装有一台涡轮喷气发动机，射程超过 100 千米，其中空射型号的"彗星"最大射程超过 150 千米。

知识链接 >>

KC-1 空舰导弹 1953 年进入苏联海军航空兵服役。主要目的是为了攻击美国航空母舰和其他大型舰艇，也可用于攻击港口设施、铁路枢纽、大型桥梁、军事工业中心等。

▲ KC-1（AS-1）空舰导弹

SA-2 SA-3

SA-2 萨姆-2、SA-3 萨姆-3 防空导弹

（苏联）

■ 简要介绍

萨姆-2、萨姆-3防空导弹均是苏联"金刚石"中央设计局于20世纪50年代研制的向第二代地空导弹过渡的类型。萨姆-2、萨姆-3是S-75"德维纳河"防空导弹的北约代号。这种导弹设计工作始于1953年，1957年投入使用，是设计时间较早的著名防空导弹，被许多国家广泛使用。

■ 研制历程

1953年，苏联"金刚石"中央设计局按照1956—1960年的苏联"五年计划"，开始在原S-75项目的基础上，研制一种中程、中高空地空导弹，称为SA-75项目，1957年通过技术验收，即为萨姆-2。

而在1956年时，"金刚石"中央设计局也在研制一种用于拦截中低空飞机的全天候近程地空导弹，1959年样弹通过试验定型生产，即为萨姆-3。

■ 作战性能

萨姆-2导弹战斗部威力很大，最大射高30千米，最大射程50千米，可以威胁高空飞行的目标。但由于发射架是固定的，每个发射架只能发射一枚导弹，由于过于笨重，很难改成自行式的，而作战中一般三枚导弹射击一个目标。

萨姆-3具备全天候作战能力；系统注重提高打击中低空目标的能力，其最大特点是采用了四联装导弹发射架，一次最多可以发射16枚导弹。防空导弹弹头采用破片杀伤方式，破片数量可达到3670块；制导系统可同时射击2个目标。

基本参数（萨姆-3）	
发射重量	952.7千克
弹径	0.55米（一级）；0.37米（二级）
翼展	2.21米
最大速度	850米/秒
战斗部重	4千克

◀ 萨姆-3防空导弹

知识链接 >>

1960年5月1日,苏联用萨姆-2击落一架U-2高空无人战略侦察机(该机以实用升限2万米以上著称),据统计,全世界共有7架U-2被击落,全部是萨姆-2所为。

▲ 萨姆-2防空导弹

SA-5 萨姆-5、SA-6 萨姆-6 防空导弹
（苏联）

■ 简要介绍

萨姆-5 "小偷"（SA-5）和萨姆-6 "立方"（SA-6）是分别由苏联 "金刚石" 中央设计局和 Toporov OKB-134 特种工程设计局于 20 世纪 50 年代至 60 年代研制的第二代地空导弹。其中前者为苏联最大的地空导弹，技术较先进，可携带核弹头；后者为机动式全天候型中近程防空导弹武器系统，采用全程半主动雷达寻的制导，命中精度高。

■ 研制历程

1957 年，苏联 "金刚石" 中央设计局继续在防空导弹领域发展，开始为苏联国土防空导弹部队研制苏联第二代超级二级高空远程地空导弹，经过 10 年的努力，终于推出了当时苏联最大并且可携带核弹头的地空导弹，即为萨姆-5 型。

萨姆-6 型，1959 年开始由苏联特种工程设计局研制，莫斯科三角旗机械制造设计局与吉哈米洛夫仪器设计科学研究院负责制造，于 1967 年定型。该导弹由于采用全程半主动制导，因此对制导雷达精度要求不高。全部设备装在一部履带车内，车辆之间不需铺设电缆。但由于制导车、发射车、电源车分开，车辆数较多，容易暴露。基于上述问题，该导弹被较为先进的导弹所代替。

▶ 萨姆-6 防空导弹

■ 作战性能

萨姆-5 防空导弹身躯庞大，射程较远。高能炸药破片杀伤战斗部，主要对付敌方的高空战略轰炸机，具有能覆盖海上的波罗的海舰队的远程、高空防御能力。并且还能携带核弹头，能有效扩大岸基面对空导弹为海军提供的防御覆盖范围；同时还采用了一种未公开的海军数据连接系统。萨姆-6 最大的特点是其制导雷达采用多波段多频率工作，抗干扰能力强；同时导弹采用固-冲组合发动机，比冲高。

基本参数（萨姆-5）	
弹重	2800 千克
弹长	10.6 米
弹径	0.86 米
翼展	3.65 米
最大速度	2722 米/秒
射程	250 千米
作战高度	0.3 千米~30 千米

知识链接 >>

　　萨姆-6在第四次中东战争中有出色的表现，历时18天的战争中，击落的114架飞机中，有41架是萨姆-6击落的，萨姆-6因而名噪一时。

▲ 萨姆-5防空导弹

R-73

R-73 "箭手"近程空空导弹（苏联）

■ 简要介绍

R-73（北约代号为 AA-11 "箭手"）是莫斯科三角旗机械制造设计局于 1973 年开始研发的当时最先进的短程空空导弹。第一枚 R-73 导弹于 1985 年服役，一出世就成为美国 AIM-9 "响尾蛇"近距空空导弹的可怕对手，被普遍认为是最难以对付的现代空战武器之一。

■ 研制历程

1973 年，苏联国防部为了取代早期在苏联战机上所使用的短程 R-60 导弹，仍由 R-60 的主承包商三角旗机械制造设计局负责，开始研发一种使用最先进技术的短程空空导弹。经过近 10 年的努力，该局完成了 R-73 的研制工作。

R-73 空空导弹第一次实现了离轴发射，也可以搭配头盔瞄准器使用，实现可视即发射的功能。它还安装有 MK-80 全向红外制导头，探测距离可达 10 千米 ~ 15 千米，发射前视野 ±45°，射后 ±60°，从制导头锁定目标到发射只需 1 秒。而当它与新型侧卫战机搭配后，由于战机的全向视界探测/锁定能力与导弹的"越肩发射"能力完美结合，不论其探测角多少，都能做到全向防护。更重要的是能调转攻击战机后方的目标，大大增强了战机的灵活性。

基本参数	
弹长	2.9 米
弹径	0.17 米
翼展	0.51 米
弹重	7.3 千克
射程	40 千米

■ 实战表现

R-73 于 20 世纪 80 年代后期投入现役，主要搭载于米格 -29、苏 -27、苏 -32 和苏 -35 战斗机，而且可由新型的米格 -21、米格 -23、苏 -24 和苏 -25 战斗机所携带。当年北约国家用携带 R-73 的米格 -29 和使用 AIM-9 的 F-16 进行了格斗演习。在演习中，R-73 展现出极为优秀的性能，使用 AIM-9 的 F-16 基本上无法和使用 R-73 的米格 -29 抗衡，让西方国家大为震惊。

▲ 苏-24 发射 R-73 导弹

知识链接 >>

R-73 系列在各方面推测都优于美国的 AIM-9M "响尾蛇" 导弹。有军事专家认为，R-73 必能稳胜欧美的同类型导弹，甚至在技术上要超过欧美十年左右，从而独占空空导弹鳌头。因此，这也促使了 "响尾蛇" 和其他短程空空导弹的发展，诸如 AIM-132 ASRAAM、IRIS-T、MICA IR、Python IV 以及在 2003 年服役的最新 "响尾蛇" 改良型 AIM-9X。

R-77"蝰蛇"空空导弹（苏联/俄罗斯）

■ 简要介绍

R-77"蝰蛇"空空导弹（北约代号AA-12）是莫斯科三角旗机械制造设计局于20世纪90年代研制的第四代中距空空导弹，可与美国AIM-120先进中距空空导弹相媲美，为世界公认的最先进的空空导弹之一。

■ 研制历程

20世纪80年代，苏联研制的R-77中程主动雷达制导导弹能够实现"发射后不管"，但研制过程中遭遇苏联解体、资金短缺以及生产线搬迁等挫折，使该项目一拖再拖，直到新一任总统上台的时候，才重新启动研发。20世纪90年代中期由莫斯科三角旗机械制造设计局自行组织开始小批量生产。

R-77"蝰蛇"空空导弹采用二级固体火箭发动机，还别具一格地应用了格栅式尾翼，改善了气动外形，提高了导弹大角度攻击能力。导弹采用激光近炸引信，惯性+指令修正+主动雷达末制导，可全天候、全方位、全高度灵活使用，命中率高，并可在高密度电子干扰环境下作战，既可攻击高速飞行的战斗机，又可攻击低空飞行的直升机，甚至可攻击来袭的中远程空空导弹和地空导弹。

基本参数	
弹长	3.6米
弹径	0.2米
翼展	0.35米
弹重	174.79千克
最大射程	110千米
最大速度	3500千米/小时

■ 实战表现

"蝰蛇"定型后，耽搁了好长时间，但俄罗斯空军迫于装备先进中距空空导弹的压力，也开始下决心改进和装备R-77，它可挂载到苏-27、苏-30、苏-35、米格-29M、米格-31M和雅克-141等战斗机上。另外，马来西亚、印度、越南等已经或有意引进该导弹，给该导弹推向市场带来生机。

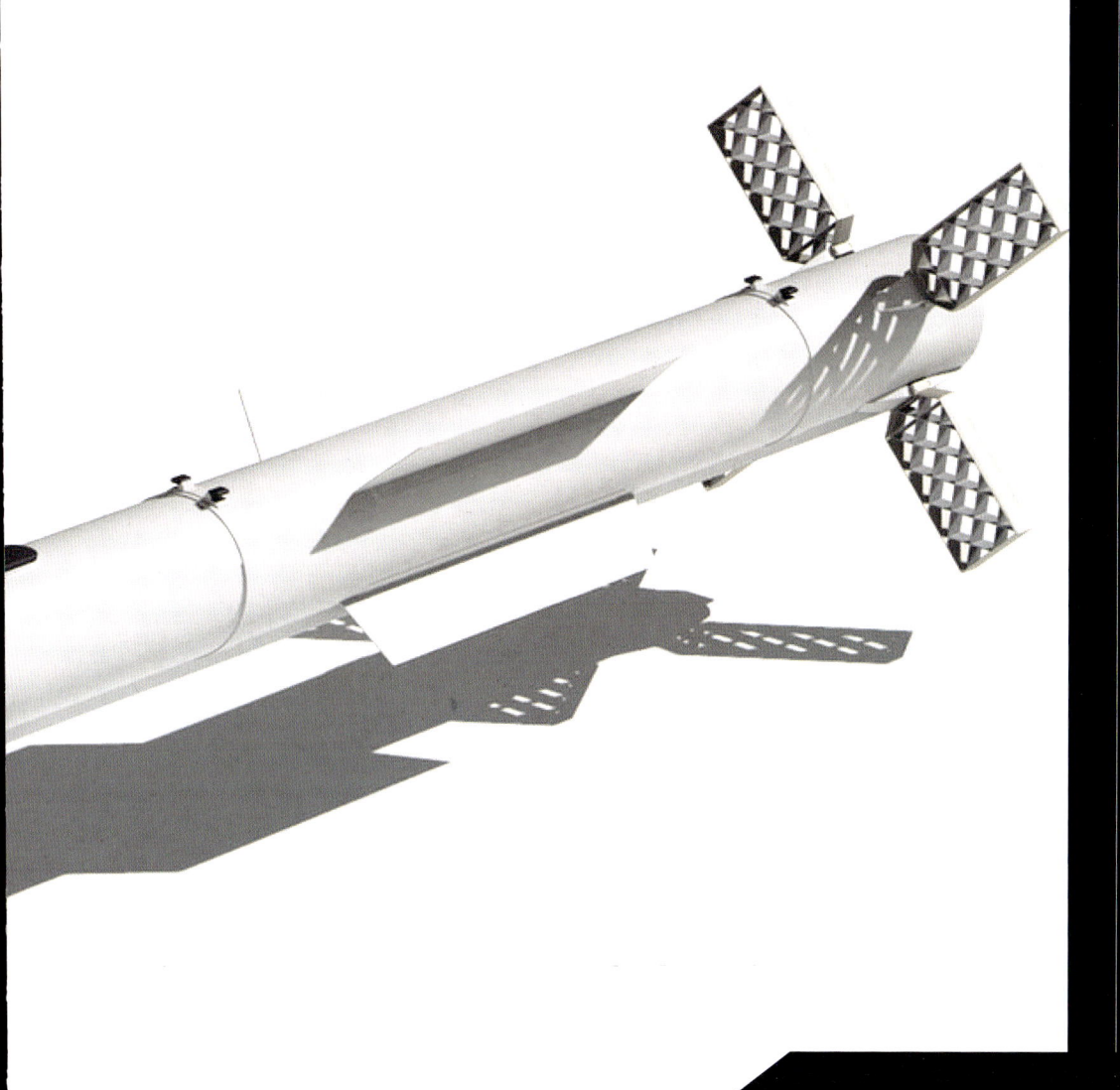

▲ 印度空军装备的 R-77 空空导弹

知识链接 >>

俄罗斯根据自己已经存在的科研能力及先前研究成果，加上一些巧思，作出足以对抗美国的产品。R-77 也是紧追着美国 AMRAAM 计划设置的。不过其研发却极有效率，测试进度比 AIM-120 晚不了多少时间。因此西方国家对 R-77 的出现相当震惊，他们没有预料俄罗斯能对应美国 AMRAAM 的技术。

SCUD
R-11 "飞毛腿"导弹（苏联）

■ 简要介绍

苏联研制的地地战术弹道导弹。有 A 型和 B 型两种，主要用于打击敌方机场、导弹发射场、指挥中心、城镇居民地等地面固定目标。这种导弹的俄国名字是 R-11（第一个版本）和 R-300 Elbrus（后来的一个版本）。"飞毛腿"导弹是一个已经被大众接受了的词汇，指苏联在冷战时期开发并被广泛出口的一系列的战术弹道导弹。

■ 研制历程

第一次出现"飞毛腿（Scud）"这个词是北约将 R-11 弹道导弹称为 SS-1b "飞毛腿"-A 型。它几乎是德国 V-2 的翻版。R-11 同样采用了 V-2 的技术，但它是一个全新的设计，更小，与 V-2 和 R-1 的形状不一样。R-11 在 1957 年服役。R-11 最有革命性的创新是发动机，比 V-2 的多室设计远为简单，并且用防震荡折流板防止间歇燃烧。这是俄罗斯太空火箭所使用的更大的引擎的设计先驱。

"飞毛腿"导弹陆续被研制出大量变种型号，有 1961 年的 R-300 Elbrus / SS-1c 和 1965 年的 SS-1d。

基本参数（飞毛腿D）	
弹长	11.25 米
弹径	0.88 米
命中精度	50米
最大射程	1000 千米
发射重量	6500千克

■ 飞毛腿 B

"飞毛腿 B"导弹弹长 11.164 米，弹径 0.88 米，翼展 1.81 米，起飞重量 5.9 吨，推进剂（偏二甲肼和红烟硝酸）重 3.7 吨，弹头重 1 吨，可装 860 千克炸药，杀伤半径约 150 米。导弹采用惯性制导，最大射程 300 千米，最大速度 1500 米／秒。弹头类型为常规弹头或化学、核弹头。苏联共部署了 620 枚"飞毛腿 B"导弹。

知识链接 >>

伊拉克并不满足于单纯进口"飞毛腿"导弹,在外国专家参与下,研制各种改型,其中两种改型最出名,分别取名为"侯赛因"和"阿巴斯",主要是减少战斗部重量,增加射程。"侯赛因"射程增至 630 千米,"阿巴斯"射程增至 900 千米。这两种导弹飞行轨迹与 8K14 导弹类似,但射程更远,可高速进入稠密的大气层。

▲ "飞毛腿"导弹

SS-20 导弹（苏联）

■ 简要介绍

SS-20导弹为苏联固体机动中程弹道导弹，用于取代SS-4和SS-5导弹。1966年开始研制，1975年开始试射，1977年开始部署，每年部署50枚左右。截至1984年，已装备450枚。

■ 研制历程

SS-20导弹是苏联二级固体导弹，由ss-is的两级组成。采用新的计算机和改进的惯性制导系统。SS-20导弹可带单弹头，也可带三个分导式多弹头，每个子弹头的威力约15万吨TNT当量。SS-20导弹采用末助推系统，以实现多弹头分导和变换射程。装三个弹头时，最大射程可达5000千米。如果装两个弹头，最大射程可达7000千米。如果装一个弹头，射程可达10000千米。SS-20导弹采用冷发射技术。可以部署在地下井中，发射准备时间约15分钟，反应时间约30秒。

基本参数	
弹长	16.5米
弹径	1.7米
弹头重量	1100千克
最大射程	5000千米~10000千米
发射重量	33吨

■ 实战表现

SS-20导弹从苏联西部发射，可以袭击整个欧洲，即使从西伯利亚发射也能攻击联邦德国、比利时、挪威等国的全部地区和意大利、法国及英国的部分地区。从东部发射，可袭击日本及东南亚地区。从中南部发射，可袭击中东和北非。部署在西部和东部的导弹若改装成洲际导弹并改变射向，可打击美国本土的一些目标。

▲ SS-20 导弹

知识链接 >>

美苏当年签订的《中导条约》，主要就是针对 SS-20 的，苏联使用的销毁方法是发射全部库存导弹，在无数烟柱腾空而起时，SS-20 正式退出历史舞台。而 SS-20 也创造了全部发射成功的纪录。可见 SS-20 对北约的威慑力之大。

RT-23

RT-23"手术刀"战略弹道导弹（苏联）

■ 简要介绍

RT-23"手术刀"（北约代号 SS-24）战略弹道导弹是苏联南方设计局于20世纪70年代开始研制的世界上唯一部署的铁路机动三级固体洲际弹道导弹，也是苏联第一种可携带10个分导式弹头的战略导弹。

■ 研制历程

20世纪70年代后期，苏联南方设计局开始负责研制新型、可在火车上发射的机动性固体燃料战略洲际导弹，由巴甫洛夫勒机器制造厂制造。1985年定型，苏联代号为RT-23，北约称为SS-24，绰号"手术刀"。

RT-23是世界上第一种以铁路机动方式部署的现代陆基洲际弹道导弹。该导弹发射车具有防探测、防监视和武器控制系统，射程远、弹头威力大、命中精度高、可机动发射，是一种能够有效打击硬目标的武器。

更重要的是，它特别适合地大物博、幅员辽阔的苏联国情：导弹列车和普通列车在外观上非常相似，一节火车车厢就可以放下，而且高度不受苏联境内山区铁路隧道的限制。运动中的列车可以在茫茫林海中和铁路隧道中穿行，敌方难辨真伪，因此躲避卫星侦察和核打击，机动灵活，生存力强。

基本参数	
弹长	23.8 米
弹径	2.35 米
命中精度	200 米
最大射程	13000 千米
投掷重量	3629 千克

■ 实战表现

1989年以来，苏/俄战略导弹部队共装备了至少36枚"手术刀"洲际弹道导弹。后根据俄罗斯与美国达成的有关削减进攻性战略武器条约，俄罗斯应该销毁这些导弹。但是俄罗斯战略火箭军司令尼古拉伊·索罗夫佐夫上将于2002年8月宣布：俄罗斯将保留一个RT-23导弹师，共15枚可用于实战的、铁路机动发射的RT-23导弹。

知识链接 >>

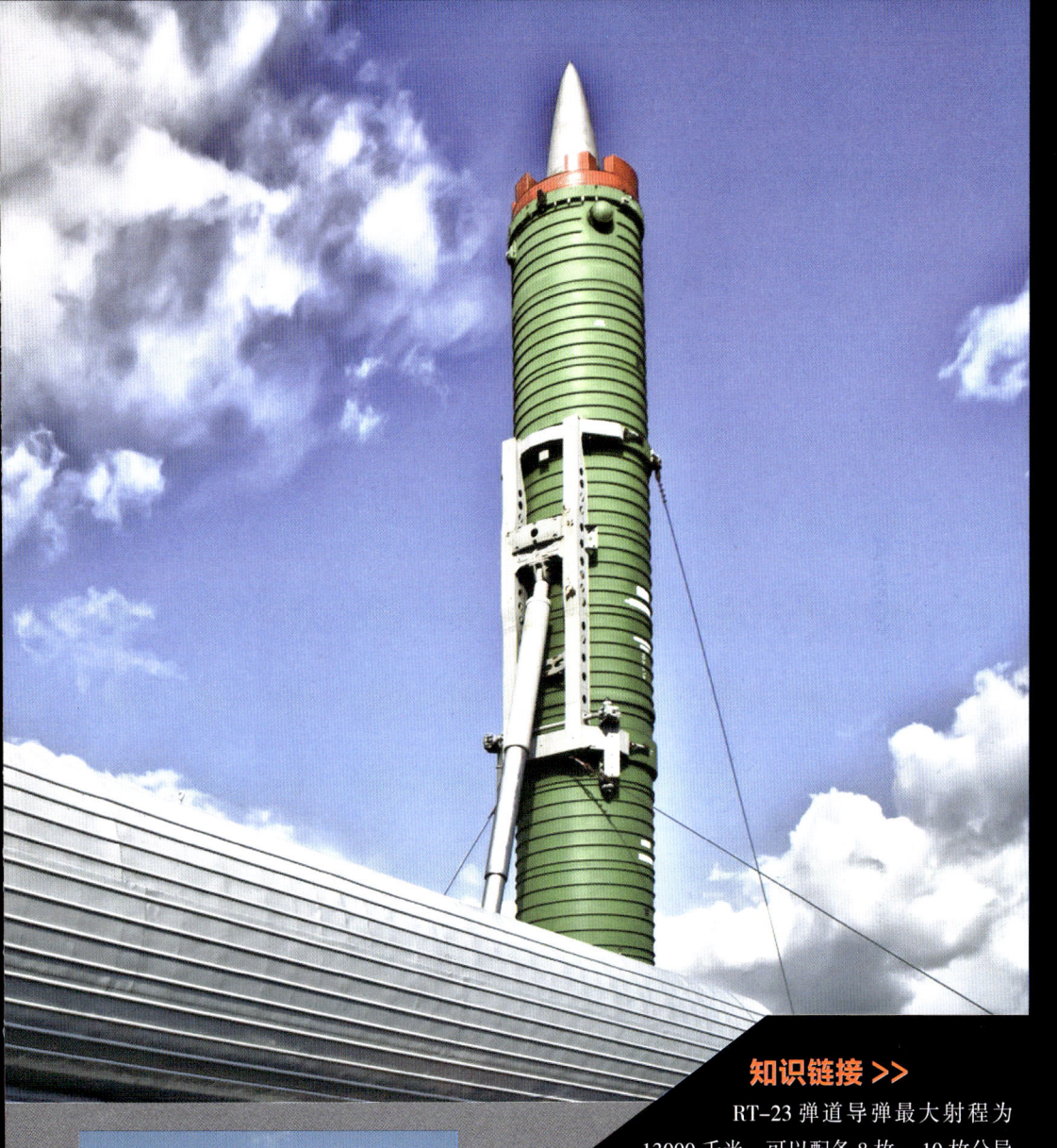

RT-23弹道导弹最大射程为13000千米，可以配备8枚~10枚分导式核弹头，每个弹头的爆炸当量为10万吨。分导式弹头又称"独立多重重返大气层载具"，这8枚~10枚弹头可以独立互不干扰地对不同的目标发动攻击。

▲ RT-23 弹道导弹

RT-2PM2 TOPOL-M
"白杨"洲际弹道导弹（苏联/俄罗斯）

■ 简要介绍

"白杨"洲际弹道导弹是苏联于 20 世纪 70 年代开始研制的第五代洲际弹道导弹。最早的为 RS-12 白杨（北约代号 SS-25），80 年代后期至 90 年初，又推出了被美国人称为"疯子"的"白杨"-M（北约代号 SS-27）移动导弹，将逐渐取代前者。

■ 研制历程

1970 年，为了能与美军的"民兵Ⅲ"型导弹相抗衡，苏联开始研发冷战时期威力最为强大的第五代陆基洲际弹道导弹。要求是与"民兵Ⅲ"型导弹大小相当，而且可实现公路机动发射导弹，即仅携带一枚准度极高、当量为 55 万吨的核弹头的 RS-12"白杨"。

苏联解体之后，"白杨"的研究仍在发展，90 年代初，推出了可携带多枚分导弹头、射程竟然超过 1 万千米、突防能力更强的 SS-27，即"白杨"-M 导弹。1994 年 12 月 20 日，"白杨"-M 导弹进行了首次试射。

基本参数	
弹长	22.7 米
弹径	1.85 米
命中精度	200 米
最大射程	10500 千米
发射重量	35000 千克

■ 作战性能

"白杨"-M 各级发动机的直径，均比基本型的"白杨"导弹发动机大，并采用了新的推力向量控制方式。火箭发动机功率强大，导弹飞行初始段加速很快，使初始段乃至整个飞行过程所需时间大大缩短，能以疯狂的速度拔地而起，可以摧毁 1 万千米以外的目标。无论敌人以什么样的方式拦截，都无法把它击落，这就是为什么美国人称之为"疯子"的原因。它采用了先进的制导系统，导弹命中精度极高。

▲ "白杨"洲际弹道导弹

知识链接 >>

SS-25"白杨"于20世纪70年代服役苏联军队，21世纪初仍继续保留该战略核武器：在俄罗斯部署了260枚，在白俄罗斯部署了91枚。"白杨"-M导弹系统是苏联解体后，俄罗斯导弹制造业第一种自己研制和生产的弹道导弹系统。1998年12月30日，俄第一个"白杨"-M导弹团（10枚，地下井式发射）部署完毕，并开始担负战略值班。1999年12月上旬，俄部署第二个"白杨"-M导弹团。

P-700 "花岗岩"巡航导弹

（苏联 / 俄罗斯）

■ 简要介绍

P-700"花岗岩"（北约代号 SS-N-19）导弹是苏联特种机械设计局于 20 世纪 70 年代初开始研制设计的第 3 型重型远程超声速反舰巡航导弹，它可在水面舰艇和潜艇上共同使用，并可垂直发射。1976 年定型生产，1979 年开始装备上舰。

■ 研制历程

20 世纪 70 年代，苏联国防部为给 949 型核潜艇配套相应的武器，授命特种机械设计局开始研发第 3 型反舰巡航导弹，即为 P-700 重型远程超声速巡航导弹。

"花岗岩"是一种重型远程反舰巡航导弹，它可从水面舰艇和潜艇发射。导弹在高空巡航的速度达到 510 米 / 秒，末端飞行速度可达 850 米 / 秒，是名副其实的超声速。装备有大威力的核战斗部。

"花岗岩"导弹的制导方式可谓别出心裁。在一次发射的 10 多枚导弹中，有一枚"指挥弹"，它在 2.5 万米高空飞行，把目标数据通过弹间数据链传输给在低空飞行的其他导弹，以保持低空导弹的隐蔽性。一旦"指挥弹"被击落，另一枚导弹升高继续负责"指挥"。进入敌方视界后，弹群才散开，各自开启导引头进行末端攻击。

■ 实战表现

"花岗岩"反舰巡航导弹研制成功后，率先部署在 1144 型（北约称"基洛夫"级）载机巡洋舰"彼得大帝"号上，之后装备于 1143.5 型"库兹涅佐夫"号航空母舰；此外还被 949/949A 型级巡航飞弹核潜艇（北约代号"奥斯卡"级和奥斯卡级Ⅱ型）使用。

基本参数

弹长	10.50 米
弹径	0.85 米
命中精度	18 米
最大射程	550 千米
发射重量	7000 千克

知识链接 >>

苏联一直对"花岗岩"秘而不宣,直到2000年"库尔斯克"号核潜艇沉没事故后,西方才了解到这个"航母杀手"的真实面貌,因而送其绰号"花岗岩"。

▲ 俄罗斯航空母舰"库兹涅佐夫海军上将"号上的"花岗岩"巡航导弹发射井

R-36M

R-36M"撒旦"洲际弹道导弹
（苏联/俄罗斯）

■ 简要介绍

R-36M弹道导弹，北约代号为SS-18"撒旦"，是苏联时期研制的多弹头洲际弹道导弹，也是世界上体积最大、威力最大的现役导弹。R-36M弹道导弹在编号上延续了R-36弹道导弹，进行了重新设计，大幅提高了性能和可靠性，具备了很多第四代战略导弹的技术和战略思想特点。

■ 研制历程

20世纪60年代中期，冷战开始进入白热化阶段，在"确保相互摧毁"战略思想指导下，美苏部署了大量战略导弹。同时，又发展射程更远、当量更大、分导式弹头更多的坚固地下发射井式的导弹核武器。20世纪60年代，美国的"民兵"弹道导弹的部署占据先机，于是苏联南方设计局在60年代末开始发展第四代陆基核导弹R-36M。1975年12月正式装备部队。

R-36M在导弹设计中，特别注重导弹的巨大推力，其有效载荷接近9吨，这一能力即使是运载火箭也少有能及。其分导式弹头能够分别打击各自的目标，也就是说能以一当十。

基本参数

弹长	32.6米
弹径	3米
单弹头当量	2500万吨
作战范围	11200千米
起飞重量	209.6吨

■ 实战部署

2004年12月22日，俄罗斯恢复了中断16年的R-36M2试射，发射了RS-20B，发射获得成功。2005年4月，俄国防部长下令从4月1日起，俄军开始撤销驻卡尔塔雷的第59导弹师。这使俄罗斯R-36M导弹师仅存第13师和第62师，共装备R-36M导弹85枚，弹头也不超过850枚。2013年7月，俄罗斯决定将R-36M2的服役期延长25年。

▲ R-36M 弹道导弹发射瞬间

知识链接 >>

R-36M 在战略任务上，主要是替代 R-36，因此 R-36M 在设计上也留有一定的太空运载工具的改造余地。而从历史上看，太空运载火箭和导弹的通用设计，正是南方设计局的拿手好戏。为此南方设计局在 R-36M 设计方案中，保留了许多改造空间和接口，这为以后的运载火箭改进奠定了基础。

SA-15 "臂铠"导弹系统（苏联/俄罗斯）

■ 简要介绍

SA-15"臂铠"导弹系统是北约对苏联研制的"道尔"防空导弹的代称，是世界上第一种拦截中低空巡航导弹的防空导弹，可对中低空固定翼飞机、直升机、无人机、巡航导弹甚至短程弹道导弹进行全天候拦截。其基本型是安装在GM-5955履带式战车底盘上的9K330道尔M防空导弹系统。

■ 研制历程

SA-15由苏联安泰联合体研制，其论证工作始于20世纪70年代末，是SA-8防空导弹的后继型号。1984年设计定型，1986年装备陆军部队。在此基础上发展出更先进的道尔M1A与道尔M1T系列。

俄罗斯陆军装备至少超过300部道尔系统，基本为M1型。主要装备在俄陆军坦克兵师与摩托化步兵师的防空导弹团。该系统将导弹、雷达、制导站集中在一辆自行式履带装甲车上。整个导弹系统战车分成两大部分：一部分是导弹与雷达天线等的组合，一部分是装甲战车底盘（含制导站显示与控制台）。

基本参数

导弹重	165千克
弹长	7.5米
弹径	3.3米
射程	12千米
导弹最大速度	800米/秒
射高	6千米

■ 作战性能

SA-15通常有6种工作状态：战斗作业状态、自动和手动功能检测状态、校飞工作状态、运动目标和导弹控制状态、电子目标状态，用以满足作战需要、各种参数调整检测和临战训练。在实施作战时，通常包括以下阶段：接通供电设备、设备功能检查、搜索发现目标、外推目标轨迹、分析判断空情、截获跟踪目标、导弹发射准备、发射制导导弹、导弹击毁目标等。

▲ SA-15 "臂铠"导弹系统发射瞬间

知识链接 >>

安泰联合体在苏联解体后，成为阿尔玛兹·安泰设计局，2002年4月23日，它与"金刚石"科学生产联合公司合并，成立了"金刚石－安泰"防空集团责任有限公司。2003年2月28日，俄罗斯军方出台了《俄罗斯国家空天一体防御系统构想草案》，该公司成为组建俄罗斯国家空天一体防御系统的主要参加者。

9K720 "伊斯坎德尔"导弹（俄罗斯）

■ 简要介绍

俄罗斯"伊斯坎德尔"导弹，射程范围在300千米~500千米，每个发射装置可同时安装两枚导弹，导弹可携带核弹头或480千克的常规弹头。

■ 研制历程

导弹的制导系统由俄罗斯中央自动化与液力学研究所设计，采用惯性制导和末段光电自导。根据公开的说法，该导弹的打击精度是10米~30米（圆概率误差），甚至更高。采用了"格洛纳斯"全球定位制导系统，能在中段更新数据并利用数据链在飞行中重新定位。

动力装置为"联盟"科学生产联合体生产的单级固体推进剂发动机。导弹飞行速度快，因而能够突破反导防御系统。"伊斯坎德尔"飞行时弹道高度可以降至50千米以下，在末段可以进行过载高达30G的规避机动，以防止地空导弹的拦截。

"伊斯坎德尔"弹道导弹系统的9K723"伊斯坎德尔"导弹系统，供俄罗斯军队使用，它使用的9M723导弹最大射程可达450千米~500千米。

基本参数

弹长	7.3米
弹径	0.92米
弹头	480千克~700千克
作战范围	50千米~500千米
精度	5米~7米

■ 实战部署

俄罗斯在2010年年底建立第一个"伊斯坎德尔"导弹旅，该导弹旅将配备12套"伊斯坎德尔"导弹发射装置，之后俄罗斯每年还将成立一个这样的导弹旅。俄军目前已经成立了装备"伊斯坎德尔"导弹装置的导弹营，该导弹营曾在俄境内的"卡普斯京亚尔"靶场进行了演习，并出色地完成了演习任务。

▲ 9K720"伊斯坎德尔"导弹

知识链接 >>

"伊斯坎德尔"（西方称之为SS-26"石头"）机动式短程战区弹道导弹系统，最近成为俄罗斯、欧洲和中东的军事界讨论的焦点话题之一。该导弹系统之所以如此引人注目，是因为它是现有的最有效和最致命的非战略弹道导弹。

SS-N-22
"日炙"反舰导弹（苏联）

■ 简要介绍

"日炙"反舰导弹（北约代号 SS-N-22）是苏联彩虹机械制造设计局在 20 世纪 70 年代，在 SS-N-9 "海妖"导弹的基础上设计生产的。该导弹是世界上第一个使用整体式组合冲压喷气发动机技术的实用型超声速反舰导弹。

■ 研制历程

20 世纪 70 年代后期，苏联为对付美国的航空母舰战斗群和导弹巡洋舰，由苏联彩虹机械制造设计局针对美国航空母舰的"宙斯盾"系统的雷达探测距离、处理速度和"标准"SM-2 导弹的发射加速度、最大过载系数、最小攻击距离等特性，设计出一种高速低空飞行的导弹系统。

经过一系列的样弹测试和预制，该导弹系统于 80 年代正式定型生产，苏联代号 P-270，俄罗斯联邦国防部导弹与炮兵总局（GRAU）则称为 3M80，绰号"白蛉"，而北约则称其为"日炙"SS-N-22 反舰导弹系统。它本来只能舰载（现代级驱逐舰）发射，后继改型能在陆上、潜艇上和空中（苏-33）发射，也能带核弹头，空射型称为 KH-41。

基本参数

弹长	9.39 米
弹径	0.76 米
翼展	2.11 米
射程	120 千米
最大速度	2900 千米 / 小时

■ 作战性能

"日炙"反舰导弹系统使用整体组合冲压发动机的实用型超声速反舰导弹，到达射程的 90 千米处，只需 2 分钟，因此能在"宙斯盾"系统完成探测、跟踪、锁定、判断、发射和导弹制导程序之前，到达目标舰的防御区，具备较高的生存能力和突防能力。"日炙"反舰导弹的制导方式为"发射后不管"。

知识链接 >>

"日炙"反舰导弹配备了苏联海军现代级导弹驱逐舰和闪电级导弹艇；空军型的 KH-41 则可以装备苏-33、苏-34 等作战飞机。同时，这型导弹已出口伊朗和印度，越南也订购了这种导弹，装备其两艘新的导弹护卫舰。随着该导弹在国际市场上广泛销售，它已被西方海军视为主要威胁。

▲ 发射"日炙"反舰导弹

SA-11 SA-17 "山毛榉"防空导弹（苏联/俄罗斯）

■ 简要介绍

"山毛榉"防空导弹是苏联从20世纪70年代末开始研发，一直到90年代中期，属于萨姆系列，主要有山毛榉基本型（SA-11）和山毛榉-M1-2（SA-17）两种型号。在俄罗斯的国土防空和野战防空系列防空导弹中，只有它是以植物命名的。

■ 研制历程

20世纪70年代末，为了应对美国的威胁，苏联在"萨姆-6"的基础上加以改进，开始研制性能和威力更强的第三代中低空、中近程机动式防空武器系统，即为SA-11"山毛榉"（北约则称为"牛虻"）。90年代中期，俄罗斯又推出了一种新型防空导弹系统，即为改进型"山毛榉"-M1-2，又称SA-17。

SA-11"山毛榉"导弹是一种中低空、中近程机动式防空武器系统，攻击时先快速爬升，再俯冲瞄准目标，导弹系统进入战斗状态需要5分钟，从目标跟踪到发射导弹需要22秒。采用"雪堆"搜索雷达和"火罩"H/I波段跟踪制导雷达等，其中"火罩"最大工作距离达30千米。

SA-17"山毛榉"-M1-2更将目标通道的数量提高了好几倍，因而可对抗大规模现代武器的空中袭击和导弹攻击。

基本参数

弹长	5.5米
弹径	0.4米
弹重	715千克
射程	45千米

■ 实战部署

SA-11"山毛榉"防空导弹自1979年开始装备于苏联部队，起初与"萨姆-6"防空导弹系统混编，后来编成独立的防空导弹团，每团辖5个发射连，作为坦克师和摩步师的建制单位，全团装备20部发射车。

SA-17"山毛榉"-M1-2于1995年进入俄陆军服役，SA-N-12"无风-1"是其舰载型（也被称为"施基利-1"）。

知识链接 >>

2006年，俄罗斯公布"山毛榉"-M2的现代版"山毛榉"-M3。2017年12月4日，俄罗斯西部军区驻扎在库尔斯克州的联合武装部队第53防空导弹旅开始接收这种新型防空导弹系统，据称该系统采用了先进的电子部件和杀伤力更强的新型9M317M导弹。

▲ "山毛榉"防空导弹系统

PANTSIR-S1

"铠甲-S1"防空导弹系统（俄罗斯）

■ 简要介绍

"铠甲-S1"防空系统是俄罗斯图拉仪表设计局于1994年研制的一种将导弹和火炮结合在一起的武器系统，它也是世界上唯一装备12枚射程为20千米的地空导弹和2门30毫米口径的自动火炮的防空系统，可以打击射程内全纵深空中大小目标，被称为应对高精确度武器的有效防御系统。

■ 研制历程

海湾战争结束后，俄罗斯总结伊拉克所用苏制武器惨败的经验教训，发现北约部队对伊拉克的空中打击每出击3000架次才被"通古斯卡"防空火力击落1架，效率仅及越战的四分之一。

但是，俄罗斯仍然对"通古斯卡"的野战防空能力抱有信心，认为其略加改进即可应对21世纪后的近距空中威胁。同时，开始发展不装备陆军野战部队而以后方固定阵地末端防卫作战为主的"铠甲-S1"，要求系统重量轻，性能适中，造价相对低廉，但持续作战和多目标能力较强，战略机动性好，用于保卫重要的战略军事目标和工业目标（机场、军事基地、通信枢纽和经济设施）。

基本参数

弹长	3.2米
弹径	0.17米
弹重	90千克
射程	20千米

■ 作战性能

"铠甲-S1"防空系统是世界上独一无二的，它可以同时发现并跟踪20个目标，既可在固定状态下，也可在行进中对其中4个目标实施打击。除巡航导弹、反雷达导弹、制导炸弹、各种有人和无人战机外，"铠甲-S1"还可打击地面和水中轻装甲目标以及有生力量。该系统最独特之处，是能够自动选择使用导弹还是高炮来摧毁目标。

知识链接 >>

"铠甲-S1"防空导弹系统主要用于保护军用和民用目标,并为S-300和S-400等远程防空系统提供掩护。在防空体系中加入这种武器将提高在电子和火力对抗条件下整个系统的效率和稳定性,使其更加适应空袭武器在技战术性能和作战运用方面的变化。除俄军之外,阿联酋、叙利亚和阿尔及利亚等国也从俄罗斯采购了"铠甲-S1"系统,据称希腊也与俄罗斯协商采购该系统。

▲ "铠甲-S1"防空导弹系统履带版

3M-54

3M-54 "俱乐部" 巡航导弹（俄罗斯）

■ 简要介绍

3M-54 巡航导弹，北约代号为 SS-N-27，俗称"俱乐部"导弹，是苏联/俄罗斯的一型通用巡航导弹。它是苏联/俄罗斯第一款三军通用的远程巡航导弹。3M-54 巡航导弹系列化家族式发展，搭载平台多，分为潜射、空射、地面发射等细分型号。

■ 研制历程

1992 年，俄罗斯开始在 3M-10 导弹基础上，研制出一种多用途巡航导弹 3M-54，1993 年首次出现，1999 年再次出现外贸潜射型，命名为"口径"。这是一个庞大的导弹家族，潜射型为口径-PL，舰载型为口径-NK，岸基型为口径-M，空射型为口径-A，出口型导弹的代号在最后加字母"E"。

3M-54 系统共研发了整体高爆、高爆—燃烧、温压、集束子母、热核 5 种战斗部。其基本制导方式，使用"惯性+地形匹配中段制导+光学成像或雷达末制导"，在巡航段全程采用掠海飞行的亚声速弹道，在末端抛弃巡航发动机，采用火箭发动机推动超声速以攻击目标。

基本参数

弹长	约8.22米
弹重	约2300千克
导弹射程	约500千米
最大速度	约272米/秒（巡航）
巡航高度	约20米（巡航）
发射方式	海基舰射/潜射

■ 作战性能

2007 年，舰载型的口径-NK 导弹开始进入俄海军服役，装载在里海分舰队的 4 艘战舰上，分别是 1 艘 11661 型猎豹级轻型护卫舰，3 艘 21631 型暴徒级轻型护卫舰。2009 年，俄军先是采购了大约12套伊斯坎德尔导弹系统，分别在 3 个导弹旅各装备一个营，每个营 4 套发射系统，16 枚导弹首先交付的是伏尔加河沿岸–乌拉尔军区第 92 导弹旅。

▲ 3M-54"俱乐部"巡航导弹

知识链接 >>

20世纪70年代后期，苏联开始研制类似美国BGM-109 / AGM-86战斧巡航导弹的远程巡航导弹3M-10，这是一种核常兼备、战略战术一体的多用途巡航导弹，是冷战时期美苏军备竞赛的产物，于20世纪80年代末装备部队，因其外形酷似美国的战斧导弹，因而被西方国家戏称为"战斧斯基"。

ANTEY−2500

安泰−2500防空导弹（俄罗斯）

■ 简要介绍

安泰−2500地空导弹系统属于俄罗斯新一代防空武器，这是当今世界上唯一一种反导弹反飞机多用途导弹系统。它能有效地杀伤2500千米距离以内起飞的弹道导弹，也能对付各种类型的气动弹道目标。

■ 研制历程

安泰−2500的诞生，源于战场弹道导弹和战区弹道导弹性能的改进，尤其是有效射程的增加，目前约有30个国家装备有不同射程的非战略弹道导弹。因此，安泰−2500应运而出。

安泰−2500能够同时攻击24个气动目标，或者同时攻击16枚有效雷达反射面积为0.02平方米以下、飞行速度为4500米/秒以内的导弹。安泰−2500防空导弹营的火力配备，包括1部9C15M2型圆周扫描目标搜索雷达，一部9C19M扇面扫描目标搜索雷达，1部9C457型指挥车，4部9C32M型多通道导弹制导站，24部9A83M型导弹发射车，24部9A84M型导弹发射装填车，48枚9M82M型导弹，96枚9M83M型导弹。

基本参数

杀伤目标高度	30千米
杀伤目标距离	200千米
速度	4500米/秒
飞行高度	30000米

■ 作战性能

通过提高雷达信息设备性能和优化雷达信号处理方法，安泰−2500对付小反射截面高速弹道目标的能力进一步提高。试验表明，"爱国者"导弹对"飞毛腿"导弹的命中概率为36%，而安泰−2500则为96%。安泰−2500导弹的指挥系统可在遭遇强烈的主动干扰和被动干扰情况下，跟踪300千米内的200个目标，并对其中的70多个目标实施打击。

▲ 安泰-2500 防空导弹

知识链接 >>

2015年4月22日，安泰-2500在俄北部普列谢茨克导弹发射场测试导弹的机动性，试验失败，发射不久后坠毁。制造商阿尔玛兹·安泰公司表示，导弹升空后不久便"偏离其轨道，随即自爆"。他们在普列谢茨克导弹发射场安全区域找到了坠毁导弹的碎片。普列谢茨克导弹发射场发生这样的事故实属罕见，因此引起外界高度关注。

S-400 "凯旋"远程防空导弹（俄罗斯）

■ 简要介绍

S-400"凯旋"远程防空导弹系统是由俄罗斯"金刚石"中央设计局于1999年开始研制的第四代防空导弹系统。该系统采用了最先进的无线电定位系统、微电路技术和电脑技术，是现在世界上现役和在研防空导弹中最先进的一种，具备灵活应对一切空中目标的能力。

■ 研制历程

1999年开始，俄罗斯金刚石科学生产联合公司开始在S-300P防空导弹系统的基础上，以全新的设计思路研制第四代防空导弹系统，称为S-400系统（北约称其为SA-21"咆哮者"）。

据公司总经理阿舒尔佩利表示，研制和装备S-400系统，是为了消灭隐形飞行器以及飞行速度达每秒4.8千米的弹道导弹。其要求是：1个S-400型防空导弹系统能替代3个S-300型防空导弹系统，用于从超低空到高空、近距离到超远程的全空域对抗密集多目标空袭。

同时，依据S-400研发的海基版，也被称为鲁道特防空导弹系统。

2007年，"凯旋"防空导弹系统开始在俄罗斯军队服役。该导弹不仅装备了俄罗斯，而且还被出售到多个国家，其中包括北约组织成员国的土耳其。

基本参数	
弹长	7.5米
弹重	1600千克
射程	400千米
最大速度	1225千米/小时

■ 作战性能

S-400首次采用了3种新型导弹和机动目标搜索系统，可以对付各种作战飞机、空中预警机、战役战术导弹及其他精确制导武器，既能承担传统的空中防御任务，又能执行非战略性的导弹防御任务。S-400系统可采用新型的40N6远程导弹，其性能远远超过俄罗斯现防空主战兵器——"骄子"系统，以及美国正在研制的射程最远的防空导弹——"战区高空区域防御"拦截弹。

知识链接 >>

2018年夏天,俄罗斯进行了"凯旋"系统中40N6导弹最后的作战评估和测试,并如期在2018年7月份完成了最后的作战测试,效果达到预期。40N6导弹的最大射程约为380千米,而该导弹用于目标拦截的最大高度约为30千米。

▲ S-400 "凯旋" 远程防空导弹雷达车

NORD
"北方"空地导弹（法国）

■ 简要介绍

"北方"空地导弹是法国原北方航空公司（现宇航公司）于1946年开始研制的亚声速导弹系列。第一个型号 AS10 是法国第一代空地导弹，也是世界上最早装备直升机的第一代反坦克导弹型号。之后"北方"系列陆续有 AS11 至 AS30L 等多个型号。

■ 研制历程

1946年，法国北方航空公司开始研制法国第一代空地/反坦克导弹"北方"AS10，1952年开始投产。这时，法国陆军技术部提出发展一种射程更远、速度更快、威力更大的武器，既可供陆军战车和海军舰船，也可供轻型飞机和直升机发射使用，主要用于攻击坦克、装甲车辆、舰船等坚固目标以及杀伤有生力量。

1953年，北方航空公司推出了"北方"系列第一代的第 2 个型号 AS11，从而成为世界上最早装备直升机的第一代亚声速反坦克导弹，也是世界上生产时间长达 30 年的第一代亚声速多用途空地导弹。

之后发展到超声速的 AS20，在此基础上，1959年推出第二代超声速多用途空地导弹 AS-30。北方航空公司改为宇航公司后，又与汤姆逊–CSF 公司联手，1974年研制出第三代超声速多用途空地导弹 AS30L。

基本参数

弹长	3.65米
弹径	0.342米
翼展	1米
弹重	520千克
射程	10千米
最大速度	1836千米/小时

■ 作战性能

"北方"AS30L 可穿透 10 千米外 2 米厚的混凝土掩体，其战斗部能侵彻 3.5 米的软土层后，再贯穿 1 米多厚的钢筋混凝土结构，进入掩体内部爆炸，这些都表明其具有攻击坚固目标的能力。同时，AS30L 采用激光制导，可以在敌方防御火力网之外，或飞机以超低空突防之后，从容发射，其命中精度在 0.5 米之内。而且飞机上还装有电视目标显示系统，把所要攻击的目标图像放大，以便精确选择最佳攻击部位。

▲ "北方"导弹飞向目标

知识链接 >>

"北方"导弹系列 AS10 于 1952 年投产后，即进入法国陆军地面部队服役。AS11 于 1956 年开始进入法国陆军服役，并且开始装备于武装直升机上。AS-30 及 AS30L 已经完全成为空地导弹，除装备法国空/海军外，还外销阿联酋和印度等国，主要用来从空中攻击地面点目标和水上舰船目标。其中 AS30L 由伊拉克在两伊战争中首次使用。

EXOCET
"飞鱼"反舰导弹（法国）

■ 简要介绍

"飞鱼"式导弹是法国航宇公司于1967年开始研制的亚声速近程掠海飞行的反舰导弹。1978年定型投产，随后开始交付使用。这种反舰导弹具有体积小、重量轻、精度高、掠海飞行能力强和全天候作战能力等优势。

■ 研制历程

1967年的中东战争，埃及用苏制冥河导弹击沉以军驱逐舰的战例，促使法军向法国航空航天公司战术导弹部提出需求：在军方支持下开始开发一种亚声速近程掠海反舰导弹，即为"飞鱼"MM38舰舰导弹。1971年至1972年厂方进行了研制核定形试验，此后两年由法海军和英国及联邦德国分三阶段共同进行了测试。

之后，在基本形MM38舰舰导弹基础上，又研发了AM39空舰导弹、MM40舰舰导弹、SM39潜舰导弹以及MM40岸舰导弹，从而成为具有不同射程的多系列反舰导弹。

"飞鱼"导弹自1972年开始服役，并出售英、德等20多个国家。

基本参数

弹长	4.7米
弹径	0.348米
翼展	1.1米
弹重	670千克
射程	70千米
最大速度	378千米/小时

▲ 英阿马岛战争期间，被阿根廷空军用"飞鱼"导弹击沉的英海军"谢菲尔德"号驱逐舰

■ 作战性能

飞鱼导弹制导系统，为惯性导引加主动雷达导引。在发射前的启动时间需要60秒，需要输入的资料包括目标距离和航向、速度以及垂直参考点，离开发射架之后两秒钟，导弹会先进入30到70米的最高飞行高度，巡航是以惯性导引系统协助，高度会维持在9米~15米，当距离默认目标位置12千米~15千米，然后下降，雷达开始工作，寻找目标。

▲ 一枚悬挂在阵风战机上的飞鱼 AM39 型反舰导弹

知识链接 >>

"飞鱼"反舰导弹采用典型正常式气动布局，四个弹翼和舵面按"X"形配置在弹身的中部和尾部；整个导弹由导引头、前设备舱、战斗部、主发动机、助推器、后设备舱、弹翼和舵面组成。"飞鱼"反舰导弹在1980年代开始正式服役，历经许多实战经验，是一种整体性能优异的反舰导弹系统。

▲ 美国海军巡防舰"斯塔克"号在波斯湾遭"飞鱼"导弹击中时的情景

OTOMAT
"奥托马特"反舰导弹（法国/意大利）

■ 简要介绍

"奥托马特"是意大利的奥托·梅拉腊公司和法国马特拉公司于 1969 年联合研制的中程多用途反舰导弹，经多次改进，先后有 MK-1 型、MK-2 型、MK-3 型以及 MK-4 型，这 4 种均可以在任意水上平台发射。

■ 研制历程

1967 年，意大利的奥托·梅拉腊公司和法国马特拉公司提出了"奥托马特"计划，开始研制西方第一个采用小型涡轮喷气发动机推进的超视距作战的反舰导弹，1975 年完成作战飞行试验，1977 年批量生产，先后推出了岸舰、空舰等多种型号。

"奥托马特"反舰导弹由储运箱发射后，导弹升至海面以上 120 米的高度；助推器燃尽分离后，涡喷发动机立即点火，同时弹载控制系统开始工作，导弹一边下降，一边调整方向。飞至距目标 12 千米时，主动雷达引导头开机搜索目标，导弹再次降高；飞至距离目标 5 千米左右时，引导头开始跟踪目标，同时导弹突然跃起，瞄准目标后，以 7°左右俯冲攻击目标。其战斗部为半穿甲爆破弹，可穿透 40 毫米厚钢制装甲，延时触发引信可使弹体穿入目标后爆炸，具有巨大杀伤力。

基本参数	
弹长	4.66 米
弹径	0.46 米
翼展	1.36 米
弹重	770 千克
最大射程	180 千米

■ 作战性能

"奥托马特"系列不断发展改进，其中 MK2 Block4 是"奥托马特"MK-2 的全天候增程型反舰导弹，它保留了奥托马特家族的基本性能，在任务弹性上作了很大扩展，射程超过 300 千米，增强了突防能力。它可以执行近海作战任务并发展了岸舰型，增加的功能包括目标自动识别、附带伤害减少、任务计划编制能力、协同攻击能力。

知识链接 >>

"奥托马特"反舰导弹 1977 年定型生产后，开始装备法国和意大利海军。此外，该导弹还出售到埃及、英国、利比亚、秘鲁、委内瑞拉和尼日利亚等国，装备各种水面舰艇（包括水翼艇）。

▲ "奥托马特"反舰导弹发射瞬间

R.550

R.550"魔术"红外近距格斗导弹（法国）

■ 简要介绍

R.550"魔术"是法国马特拉公司于1969年开始研制的新型红外导弹，也是一种专门用于中低空近距格斗的空空导弹。

■ 研制历程

1966年11月，法国马特拉公司根据法国空军提出的空中格斗要求，开始对一种专门用于中低空近距格斗的空空导弹进行方案设计；1967年进行可行性论证；1969年开始研制，并取名为"魔术"。

1970年年底，生产出"魔术"的样弹；1972年1月在朗德试验中心开始对导弹进行各种制导发射、模拟格斗状态的发射试验，共计30多次；1973年开始全面研制并由"幻影"Ⅲ战斗机首次试射；1974年法国空军装备部对导弹作了发射试验鉴定，并定型为R.550开始生产。

1978年，开始在"魔术"R.550基础上进行改进，研制出了"魔术2"，于是前者便称为"魔术1"。

由于"魔术1"、"魔术2"性能比美国早期的"响尾蛇"AIM-9B、D要好，因而"魔术"导弹曾出口到18个国家。

基本参数	
弹长	2.74米
弹径	0.157米
翼展	0.66米
弹重	90千克
最大射程	6千米

■ 作战性能

"魔术"空空导弹首次采用低阻大过载双鸭式气动外形布局，发射后能自由转动使导弹横滚稳定，从而获得近距大过载发射和格斗能力。此外，它采用红外近炸引信/触发引信，单元被动红外制导系统，其位标器光学系统创新性地仅采用1个很小的初级平面反射镜，从而加快了扫描速度；调制器和信号处理器的设计具有抗干扰和目标分辨能力，不会跟踪背景中的假目标。

知识链接 >>

1985年，法国开始装备"魔术2"，采用红外制导，其导引头可与机上雷达同步，发射前即已跟踪目标，可全向攻击。此外，在弹体设计上保证其发射架与美国"响尾蛇"空空导弹使用的发射架通用，有利于外销出口。

▲ 挂载于"幻影2000"战斗机的"魔术"导弹

"阿斯姆普"巡航导弹（法国）

AB-SOL MOYENNE PORTEE

■ 简要介绍

"阿斯姆普"（ASMP）导弹是法国宇航公司于20世纪70年代末研制的一种战略和战术两用空地巡航导弹，ASMP为法文"中距空地导弹"（Ab-Sol Moyenne Portee）的缩写。该导弹主要装备法空军的"幻影"轰炸机及海军的"超级军旗"攻击机，是法国核打击力量的一部分。

■ 研制历程

1974年，法国空军部为取代原先由"幻影"4式轰炸机投掷的AN-22和"超级军旗"攻击机投掷的AN-52自由落体核炸弹，开始了"中距空地导弹"ASMP的方案论证。

1976年，该方案正式通过，并开始计划。1978年选定法国航空航天公司为主承包商，正式开始研制，原计划1982年达到初步作战能力。

但由于技术上的原因，一直到1983年6月，"阿斯姆普"才开始进行有动力空中发射试验，并开始小批量生产。之后继续改良，但只有ASMP-A于1987年被采用，并一直生产至现在。

基本参数

弹长	5.38米
弹径	0.3米
弹重	860千克
最大射程	300千米

■ 作战性能

ASMP-A与ASMP的外形设计类似，采用无翼气动布局，装有在飞行中起操纵和稳定导弹作用的十字形全动弹翼，这种较平的横剖面气动外形布局和结构设计使导弹的升力和机动能力的效率较高，因而无须采用弹翼。不同的是，ASMP-A弹体主要由不锈钢和钛合金制成，能经受350℃的气动加热。其表面涂有吸波层，对内部结构和电子设备采取防核爆加固措施。

▲ "阿斯姆普"巡航导弹

知识链接 >>

ASMP 导弹 1986 年进入服役，为法国核打击武器提升准确度，至今法军约有 70 枚 ASMP 导弹正在服役，其中 10 枚为海军，60 枚配给空军，从而使法国海军成为唯一一种可以借由航空母舰舰载机空射核武器的部队。

2008 年起，ASMP-A 开始于法国海/空军中服役。

MISTRAL
"西北风"便携式地空导弹（法国）

■ 简要介绍

"西北风"导弹是法国导弹设计局于1980年根据三军不同要求研制的一种多用途防空导弹，既可与高炮等武器配合使用，也可单独执行防空任务，主要用于对付低空、超低空目标。该导弹于80年代末期装备于部队，并出口到世界上20多个国家和地区。

■ 研制历程

"西北风"导弹于1977年开始方案设想，1979—1980年由法国导弹技术局（法国武器装备总署的下属单位）投资开展理论与试验性的设计研究，重点研制导引头。1980年12月，马特拉公司在5家投标者中脱颖而出，成为主承包商。

1981年开始研制，1982年完成拦截试验，1983—1984年完成导弹飞行性能鉴定，1983—1985年开始舰载和直升机载改型试验，1986—1987年完成陆军作战试验，1986年1月成功完成西北风射击CT-20靶标试验，1987年开始生产。21世纪初又推出了改进版的"西北风"-2导弹。

基本参数

弹长	1.81 米
弹径	0.09 米
翼展	0.19 米
最大射程	6 千米
导弹重量	18.4 千克

■ 作战性能

"西北风"导弹全套武器系统平时装在包装筒兼发射筒里，采用被动式红外线制导方式，导弹的导引头里装有4个灵敏度非常高的红外线探测器，不但能探测到普通飞机发动机的尾焰，而且可以跟踪热燃气体发出的红外线信号。弹上装有微型处理机，可以对红外线信号和背景辐射进行快速处理，自动排除干扰信号，准确地迎击6000米范围内的各种飞机。

知识链接 >>

1988年11月,法国海军装备舰载型"萨德拉尔"(SADRAL)超近程舰空导弹武器系统,同年底,第一批"西北风"导弹开始交付法国陆军。

2000年研制成功的"西北风"-2也已被法国陆、海、空三军装备,并开始出口其他国家和地区。

▲ "西北风"便携式地空导弹

MICA
"米卡"空空导弹（法国）

■ 简要介绍

"米卡"空空导弹是法国宇航-马特拉公司20世纪80年代初自行研制并装备部队使用的第四代空空导弹，全称为"米卡拦截与格斗导弹"，从它独特的名字就可看出它的多用途特征。该导弹的优点在于模块化的结构和较强的通用性，从而首次将中距拦截与近距格斗双重任务集于一身。

■ 研制历程

1979年，法国著名的导弹生产商马特拉公司成功研制"马特拉"超530D中距拦射导弹，并改进发展"魔术"R.550近距格斗空空导弹。之后，法国国防部开始考虑发展一种能用于90年代和以后的空空导弹，以取代530F/D和"魔术"R.550，对付先进的高机动战斗机、直升机和巡航导弹。

1980年，马特拉公司确定了"米卡"导弹的技术方案，1982年10月在法国西南部的朗德试验中心首次进行了推力矢量喷气偏转控制系统地面试验。1983年10月进行导弹无制导地面试射，1985年年初便完成了可行性验证，进入工程发展阶段。之后又经过10余年的搭载飞行和发射试验，于1997年这种红外制导型弹通过定型。

"米卡"型导弹从1998年开始被法国达索公司"阵风"战斗机选用。此外，卡塔尔也装备了"米卡"。

基本参数

弹长	3.1米
弹径	0.17米
翼展	0.56米
最大射程	60千米
最大速度	3675千米/小时

■ 作战性能

米卡导弹的主要特点是首次将中距拦射与近距格斗双重任务集于一身。在近距格斗时，可以采用主动雷达型并在发射前锁定目标，也可以采用红外成像型在发射前或发射后锁定目标，从而获得发射后不管能力。在中距拦射时，采用主动雷达型，其制导体制为初段惯性制导、中段载机指令修正、末段主动雷达制导，与机载边跟踪/边扫描雷达配合，可以同时攻击6~8个目标。

知识链接 >>

"米卡"导弹还有地空垂直发射型。地空型的导弹与空空型基本相同，也具备被动红外、主动雷达两种制导模式和推力矢量控制能力。可对固定翼飞机、直升机、无人机和空地导弹实施全方位攻击。系统具备发射后不管能力，可全天候作战，可同时拦截多个目标。

▲ 法国"阵风"战斗机发射"米卡"导弹瞬间

ASTER
"紫菀"系列舰空导弹（法国/意大利）

■ 简要介绍

"紫菀"系列航空导弹是由法国和意大利共同研制的。它有几个特点：第一，它能同时满足海陆空三军的需要；第二，它具有多国性；第三，它是组合式的、可以扩大的，因而能够满足诸军种的各种需要。目前"紫菀"系列航空导弹具有两种派生型，分别是点防御的15型和区域防空的的30型。

■ 研制历程

法国由于中程地空导弹系统和舰空导弹系统大都已经"老化"，其他防御型导弹系统作用也是有限。法国航空航天工业公司从1989年起就设想建立"紫菀"导弹家族，以满足法国和意大利军队在防空方面的新需求。

于是法国和意大利就建立以"紫菀15"型导弹（从军舰上发射的导弹）和"紫菀30"型导弹（从卡车上发射的导弹）为基础的未来防空导弹反导弹系统。

安装了4组（每组8枚）"紫菀15型"导弹，保护"夏尔·戴高乐"号航空母舰。"陆地区域防护"（保护陆军或保护空军基地），将由配备"紫菀30"型导弹的地空中程导弹来完成。

▲ "紫菀"导弹

基本参数

弹长	4.2米
弹径	0.18米
弹重	310千克
最大射程	30千米/70千米（增程型）

■ 实战部署

"紫菀"–30导弹创新地采用了侧向燃气推力/气动飞行控制，以便在飞行中快速修正航向。采用整体式冲压喷气发动机，飞行速度快。双重控制先进技术的采用，使之拦截高度大，反应时间短，对各种空中目标的杀伤概率高达90%。"紫菀"–30导弹的火控雷达使用Empar相控阵雷达，并增加了两部搜索雷达和光学设备，Empar雷达不仅能同时制导10枚~16枚导弹交战，必要时还能引导海军战斗机进行拦截。

知识链接 >>

第一批"紫菀"-15导弹于1996年装备法国海军"戴高乐"号航母，第二批出口沙特，被用于护卫舰上。法国和意大利的"地平线"护卫舰、英国的45型护卫舰都将装备"紫菀"-15和"紫菀"-30，用于舰艇自卫、区域防空、舰队防空和陆基反导防空。

▲ "紫菀"导弹陆基发射系统

APACHE-C
"阿帕奇-C"巡航导弹（法国）

■ 简要介绍

"阿帕奇-C"（Apache-C）巡航导弹是以法国为主由欧洲导弹集团于1991年研制的新一代远距防区外通用战术空地武器，是一种具备精密导航系统和极佳的终端精确性的高效率机载空地武器，主要装备法国、德国和其他北约国家所有现代化作战飞机。

■ 研制历程

1989年，法国制订了"阿帕奇"巡航导弹的发展计划，最初是一种反机场子母战斗部型巡航导弹，射程为140千米。这是法国第一代甚至也是欧洲最早的战术巡航导弹，其在制导、射程及命中精度等方面都存在不足。

为此，法国又用了两年时间，以"阿帕奇-C"（"超阿帕奇"）导弹为名，开始研制远程精确制导导弹（APTGD）。当时英国国防部刚刚签署了防区外攻击导弹（CASOM）的计划建议书，并在1997年2月将竞争获胜的"风暴阴影"合同授予了MBD公司。而MBD公司又从法国国防部获得了APTGD（SCALP-EG导弹）的合同。于是，MBD就将法国和英国的合同合二为一，变成一种通用导弹，该导弹在法国称为SCALP-EG导弹，在英国称为"风暴阴影"。

基本参数	
弹长	5.1米
弹径	0.63米
弹重	1200千克
最大射程	600千米

■ 作战性能

"阿帕奇"基本型采用KRISS反跑道战斗部，用来攻击机场跑道，使之瘫痪而不能迅速被修复。破坏威力与185千克重的迪朗达尔反跑道炸弹相当。它采用中、末段复合制导体制，多类型的弹头使得"阿帕奇"拥有极佳的任务弹性。"阿帕奇"经过周密的任务安排，能以最佳弹道有效避开敌军的防空火网。

知识链接 >>

1997年，法国国防部订购100枚"阿帕奇-C"巡航导弹，2001年年底开始装备于法国空军的幻影2000D战斗机。之后，该弹将大量装备法国、德国和其他北约国家所有现代化作战飞机，逐步取代现役各种子母炸弹、制导炸弹和空地巡航导弹，攻击战区纵深坚固设防的固定和活动目标。

▲ "阿帕奇-C"巡航导弹

SWINGFIRE
"旋火"反坦克导弹（英国）

■ 简要介绍

"旋火"反坦克导弹是由英国精巧工程公司和英国飞机公司于1958年开始联合开发研制的一种有线制导导弹。1969年年初研制成功，正式装备于英国陆军并出口多个国家，80年代后又不断经过升级改造。

■ 研制历程

1958年，英国精巧工程公司和英国飞机公司开始研制英国第一代有线制导的重型反坦克导弹。由于种种原因，直至1969年年初才研制成功，随后正式生产并装备于英国陆军。

"旋火"反坦克导弹可以在发射后做最大90°的转向。在实战中，发射车可以隐蔽起来，而操作士兵可以使用便携式瞄准装置操控。

该导弹采用目视瞄准和跟踪、有线传输指令的制导方式，由于导弹采用了自动程序发生器、自动驾驶仪、速度式控制等技术，因而在性能上和操作使用上是第一代反坦克导弹中较为先进的一种。可单兵发射，又能使用多种发射平台，主要用于车载发射。

1980年后，英国对"旋火"反坦克导弹的制导部件作了微型化改进，并配用了IRl7型热成像夜视仪，使其成为一种可全天候作战的反坦克导弹。

基本参数

弹长	5.1米
弹径	0.63米
弹重	1200千克
最大射程	600千米

■ 实战表现

1969年年底，英国驻德国装甲侦察团及国内的空降部队全部装备了"旋火"反坦克导弹。除英军外，还先后出售给北约组织国家及埃及、肯尼亚、比利时、伊拉克、葡萄牙、卡塔尔、沙特阿拉伯、苏丹等国。"旋火"曾在海湾战争和伊拉克战争中经过实战检验。2005年中期开始，英国陆军开始使用"标枪"反坦克导弹取代"旋火"反坦克导弹。

▲ "旋火"反坦克导弹发射瞬间

知识链接 >>

"旋火"反坦克导弹的一个突出特点是可采用分离式发射方式，射手可携带制导装置，在远离导弹一定距离对导弹实施发射和控制。该导弹采用了一个自动程序装置和一个独特的推力矢量控制系统。程序器在接到射手输入的数据后，就自动产生控制指令，使导弹自动导引到瞄准线上。而推力矢量控制系统使导弹发射后仍能大幅度地改变方向，甚至可以越过障碍物攻击目标。

RAPIER
"轻剑"防空导弹系统（英国）

■ 简要介绍

"轻剑"（Rapier）防空导弹是英国宇航公司于1963年开始研制的一种简易、造价便宜的防空导弹。1972年开始装备于英国陆军，并且出口到澳大利亚、伊朗、瑞士、土耳其、新加坡、赞比亚、美国等10多个国家。先后发展了光学跟踪和雷达跟踪两个型别。

■ 研制历程

早在1949年，英国就已经自行研制出装备部队使用的第一个空空导弹，也是英国第一个近距雷达型空空导弹——"火闪"空空导弹；1951年，英国德·哈维兰飞机公司又推出英国第二种、首个红外制导空空导弹"火光"，它们均于1957年投产并进入英国皇家空军服役。

但是到1963年，"火闪""火光"的性能就已显得落后了。于是英国宇航公司开始研制一种简易、造价便宜的防空导弹。首先发展了光学跟踪的"轻剑–Ⅰ"型导弹系统，然后在其基础上，1967年又研制出全天候使用的雷达跟踪的"轻剑–Ⅱ"型导弹系统。

作为一种简易、造价便宜的防空导弹，"轻剑"具有反应迅速、易于操作、机动性强、便于空运等特点，而且其杀伤空域较大，命中率也较高。

基本参数

弹长	2.21米
弹径	0.13米
弹重	68千克
最大射程	6500千米

■ 实战表现

"轻剑–Ⅰ"型防空导弹自开始投产后即装备于英国陆军。"轻剑–Ⅱ"型又称盲射型，1972年打靶试验成功，1978年起装备于英国空军。在1982年马岛之战中，"轻剑"表现突出。

知识链接 >>

由于"轻剑"防空导弹性能较好、操作简单、反应快速、机动性强、便于空运和价格便宜,因此广受欢迎,曾出口到澳大利亚等 10 多个国家,大约生产近 2 万多枚导弹及 500 多部发射架,总销售额已达 30 亿美元以上。

▲ "轻剑"防空导弹发射瞬间

AJ168/AS37 "玛特尔"空舰反雷达导弹

（英国/法国）

■ 简要介绍

AJ168 / AS37 "玛特尔"空舰反雷达导弹是20世纪60年代中期由英国原霍克·西德利公司（现宇航公司）、CEC–马可尼公司和法国马拉特公司、达索电子公司联合研制的新型空地导弹，分为电视导引头的反舰型（AJ168）和被动雷达导引头的反辐射型（AS37）两种不同的型号。该弹曾装备英国皇家海军的NA.39攻击机和法国空/海军的"幻影"Ⅲ、"大西洋"等作战飞机。

■ 研制历程

1960年，英国与法国开始一种新型空地导弹的方案论证。1964年9月，两国签署了联合研制协议，分为电视导引头的反舰型和被动雷达导引头的反辐射型两种不同的型号。前者代号为AJ168，由英国原霍克·西德利公司、现英国宇航公司负责研制，主要用来攻击水面舰艇，也可辅以攻击地面坚固目标，是英国海军舰载攻击机装备使用的第一个空舰导弹；后者代号为AS37，由法国马拉特公司负责研制，主要用来攻击地/海面的雷达目标，是法国空军战斗机装备使用的第一个空地反辐射导弹。

1965年至1966年，英、法两国公司各自制成样弹，1967年开始飞行试验，1968年进行鉴定试验，同年12月底，英、法两国签订生产合同，从此进行正式生产。

基本参数

基本参数	
弹长	2.21米
弹径	0.13米
弹重	68千克
最大射程	6500千米

■ 作战性能

AJ168 / AS37 "玛特尔"空舰反雷达导弹的主要优点是射程远，具有防区外发射能力。不过AJ168受电视指令制导的限制，发射距离较近，不具有全天候、"发射后不管"能力，载机易受敌防空火力杀伤；AS37也受当时很低的微波技术和电子器件水平的限制，为覆盖敌方雷达的工作频率范围，需在飞行之前选用3种可互换的被动雷达导引头。因此，两种型号均已不适应现代反舰/反辐射作战要求，分别被新一代反舰/反辐射导弹取代。

▲ 视频制导（AJ168）

▲ 无源雷达制导（AS37）

知识链接 >>

1971年，AJ168/AS37"玛特尔"空舰反雷达导弹开始进入英、法两国各自的海空军服役，英国装备反舰/反辐射两种型号，法国则只装备反辐射型。1978年停止生产时，两种型号共计生产4237枚，由于作战性能有限，逐渐被新研制的英国"海鹰"空舰导弹和法国"阿玛特"反辐射导弹所取代。90年代中期，随英国海军舰载攻击机"掠夺者"退役而全部退出现役。

151

SEA WOLF
"海狼"防空导弹（英国）

■ 简要介绍

"海狼"防空导弹是20世纪60年代末70年代初由英国飞机公司推出的舰载近程点防空导弹系统，也是第一套经历过实战的舰载近程低空反导点防御系统。该导弹可由常规发射器发射或由舰载垂直发射系统发射，主要用于全方位拦截各种反舰导弹、飞机等来袭目标。

■ 研制历程

1967年10月第三次中东战争后，反舰导弹对舰艇的威胁日益增长，各国海军迫切需要防御手段。因此，英国原飞机公司（现航空航天公司）开始为英国皇家海军研制一种新型导弹"海狼"，并分为常规发射器发射的GWS-25和由舰载垂直发射系统发射的GWS-26两种型号。之后经过多年发展，已经到了第三代。

"海狼"舰载防空导弹系统采用雷达或电视跟踪和无线电指令制导。破片杀伤型战斗部的杀伤半径为8米，最大射程为7.5千米，最大速度超过680米/秒。

到了第三代"海狼"，与垂直发射型"米卡"类似，装在密封发射箱内，具有完全自主、快速反应和作战的能力。采用1～2部雷达跟踪装置，可全天候昼夜作战，由瞄准线指令系统制导。

基本参数

弹长	1.48米
弹径	0.19米
弹重	68千克
最大射程	5.5千米

■ 实战表现

作为第一套经历过实战的舰载近程低空反导点防御系统，"海狼"GWS-25系统于1979年3月正式装备英国海军舰只，如6艘22型护卫舰和10艘Leander级护卫舰。1984年年底，英国海军为3艘"常胜"级轻型航空母舰装备了"海狼"。"海狼"导弹主要用于全方位拦截各种反舰导弹、飞机等来袭目标，参与了马岛战争和海湾战争。

知识链接 >>

2004年，英国海军开始对"海狼"点防御系统进行改造。这次中期改造计划旨在提高现役常规发射型"海狼"和垂直发射型"海狼"的性能、可靠性和可维护性，同时安装一套对用户更友好的人机界面。

▲ "海狼"防空导弹垂直发射瞬间

CL-843 "海鸥"空舰导弹（英国）

■ 简要介绍

CL-843"海鸥"空舰导弹是英国航空航天公司 1972 年开始研制和生产的，主要用于攻击巡逻快艇等水面目标，为护卫舰提供中、远程的自卫能力。

■ 研制历程

1972 年，英国航空航天公司应海军的要求，开始研制一种直升机载掠海飞行的全天候空舰导弹，1975 年通过可行性方案，在研制过程中，采用已经验证过的可靠性好的技术。1976 年，这种新型空舰导弹进行样弹试验，1978 年定型后命名为 CL-843"海鸥"，并开始投入生产。

"海鸥"空舰导弹制导体为程序控制和末段半主动雷达寻的，战斗部为半穿甲爆破型，采用延迟触发引信，保证战斗部穿入目标后才引爆。由于采用固体燃料发动机，其巡航高度为 5 米～10 米，巡航速度为 0.85 倍声速，是一种非常有效的直升机载亚声速近程掠海飞行的反舰导弹，可有效打击导弹艇、巡逻艇等海上小型舰艇。

基本参数

弹长	2.5米
弹径	0.25米
翼展	0.72米
弹重	145千克
最大射程	25千米

■ 实战表现

1981 年，CL-843"海鸥"空舰导弹正式装备英国海军的"山猫"直升机，每架携带 4 枚。接着在英阿马岛冲突中，英国海军首次使用该导弹，"山猫"直升机使用两枚"海鸥"空舰导弹击沉击伤阿根廷巡逻艇各一艘。在海湾战争中，多国部队使用"山猫"直升机载"海鸥"空舰导弹，摧毁了伊拉克多艘中小型舰艇。

▲ CL-843 "海鸥"空舰导弹

知识链接 >>

空舰导弹是海军航空兵的主要攻击武器之一，通常指由飞机从空中发射攻击水面舰船的导弹，但也可用于攻击地面目标。一般由弹体、弹翼、战斗部、制导系统、动力装置等构成。战斗部有普通装药或核装药；制导系统多数为复合制导，其中以惯性加末段主动雷达制导较普遍。动力装置则有液体火箭发动机、固体火箭发动机、涡轮喷气发动机或冲压喷气发动机多种。

ALARM

"阿拉姆"空射反辐射导弹（英国）

■ 简要介绍

"阿拉姆"是英国宇航公司和马可尼公司于1977年开始研制的可用于攻击各种地面警戒雷达、炮瞄雷达、地空导弹的制导雷达等多用途空射反辐射导弹。该弹可挂载在大多数欧洲国家装备的战斗机上，其导引头的频率覆盖范围较大。

■ 研制历程

1977年，英国宇航公司和马可尼公司开始研制这种新型的空射反辐射导弹。1983年时，英国国防部选中了这型导弹，称之为"阿拉姆"（ALARM）。但直到1987年，该导弹才达到初始作战能力，随后投入生产。

"阿拉姆"空射反辐射导弹采用常规式气动布局，4个大后掠角三角形固定式弹翼位于弹体中部稍靠后的位置，在弹翼的后方有4片面积较小的全动式梯形尾翼。其动力装置为一台单室双推力固体火箭发动机，制导方式采用捷联式惯导加被动雷达寻的制导。

由于该弹的计算和控制设备比较先进，并可采用伞降滑翔方式搜索目标，导引头一旦发现目标，即使敌方雷达关机，它也能将导弹准确地导向目标。

基本参数	
弹长	4.06米
弹径	0.23米
弹重	280千克
最大射程	20千米

■ 实战表现

"阿拉姆"空射反辐射导弹原计划1990年装备，但1991年年初尚未正式列装。由于海湾战争爆发，处于试验状态的"阿拉姆"被运到战区并投入使用，主要用于压制敌地空导弹和雷达控制的高射武器，掩护作战飞机纵深突防。

▲ "狂风"战斗机携带"阿拉姆"导弹

知识链接 >>

20世纪80年代服役的空舰导弹，飞行速度多为亚声速，射程数十至数百千米。飞行多采用低弹道，初始段多为下滑飞行，中段转入超低空平飞，末段高度可降至10米以下掠海面飞行接近目标，可取得隐蔽、突然袭击的效果。

AIM-132

AIM-132 "阿斯拉姆"近距格斗空空导弹

（英国）

■ 简要介绍

AIM-132 "阿斯拉姆"（ASRAAM）是英国马特拉-英国宇航公司于 20 世纪 80 年代末开始研制的第四代近距格斗空空导弹，2002 年开始服役于英国皇家空军。据专家分析，从用途、战术指标和技术服务上，该导弹其实与美国的 AIM-9X 是一样的。

■ 研制历程

1980 年，美、英、德、法四国签订了《新型空空导弹系列谅解备忘录》。开始联合研制"阿斯拉姆"（ASRAAM，"先进短程空空导弹"的英文字母缩写）导弹系统，主要由欧洲国家研发，以取代 AIM-9 "响尾蛇"导弹；而美国研制 AIM-120 中程空空导弹取代 AIM-7 "麻雀"空空导弹，从而一道作为北大西洋公约组织国家新一代空战导弹。当时主要由英国和德国设计，欧洲导弹集团（MBDA）生产。

之后由于种种原因，造成"阿斯拉姆"的研制进度一拖再拖，美、法、德先后退出了该计划。转而选择更稳定可靠的 AIM-9X 导弹，ASRAAM 由英国独立完成。1995 年 1 月第一枚 ASRAAM 生产，1998 年 1 月正式服役交付英国皇家空军。

2003 年，ASRAAM 的生产和后续开发工作交由新成立的欧洲导弹集团，同时获得正式的北约识别代号：AIM-132。

基本参数	
弹长	2.5米
弹径	0.015米
翼展	0.45米
弹重	65千克
射程	20千米

■ 作战性能

"阿斯拉姆"近距格斗空空导弹采用无翼、截梢的三角形尾舵控制面和弹体升力气动面，可使导弹获得高机动性、低阻力、高飞行速度和低稳定性。该导弹制导系统为红外成像引导头，捷联式挠性陀螺系统，燃气舵偏转执行结构，未采用推力矢量控制技术，目的是即使在发动机燃料燃尽后仍具有敏捷性，推力矢量控制系统将在新研制的 P3I-ASRAAM 上通过加装尾部组件来实现。

知识链接 >>

2002年,"阿斯拉姆"近距格斗空空导弹开始进入英国皇家空军服役,逐步替代正在服役的美国"响尾蛇"导弹。2005年5月,皇家空军的欧洲战斗机"台风"进行了首次"阿斯拉姆"先进短程空空导弹的使用试验,在苏格兰岛外的赫布里底海域上空击落了两个目标。

▲ "台风"战斗机发射"阿斯拉姆"空空导弹

RIM-162 ESSM

RIM-162 改进型"海麻雀"导弹（英国）

■ 简要介绍

RIM-162 改进型"海麻雀"（ESSM）导弹武器系统是由美国、德国、西班牙、荷兰、挪威、澳大利亚、加拿大、丹麦、希腊和土耳其等多个国家组成的"北约组织海麻雀联盟"于20世纪90年代在 RIM-7P "海麻雀"导弹武器系统基础联合开发的改进型，导弹代号为 RIM-162，用于防御高性能反舰导弹、战斗机和巡航导弹，特别是超声速、高机动反舰导弹。

■ 研制历程

RIM-162 改进型"海麻雀"导弹（ESSM）是 RIM-7-P "海麻雀"导弹的发展型。主要设计用来对付超声速反舰导弹。为了配合 MK-41 垂直发射器，MK-25 四合一发射箱被开发出来，每个 MK-25 能容纳四枚 ESSM；每个 MK-41 发射管可装入一个 MK-25 发射器。另外，ESSM 还可以被 MK-29Mod4&5、MK-48VLS 和 MK-56VLS 发射。

许多国家正在使用或计划使用 ESSM。已装备 ESSM 国家有美国、澳大利亚、加拿大、德国、土耳其、希腊、日本、丹麦、荷兰、阿拉伯联合酋长国、泰国、墨西哥、挪威和西班牙等。

基本参数

弹长	3.7 米
弹径	0.25 米
最大速度	4210 千米/小时
最大射程	50 千米
发射重量	280 千克

■ 作战性能

RIM-162 是以 RIM-7P 为基础设计的，却是一种全新的导弹。ESSM 采用了全新的单级大直径高能固体火箭发动机、新型的自动驾驶仪和顿感高爆炸药预制破片战斗部，有效射程比 RIM-7P 显著增强，这使 ESSM 的射程达到了中程舰空导弹的标准。ESSM 采用了大量现代导弹控制技术，惯性制导和中段制导，X 波段和 S 波段数据链，末端采用主动雷达制导，可以使舰艇面对严重的威胁。

▲ 西班牙 F100 型护卫舰发射改进型"海麻雀"导弹

知识链接 >>

2002 年 3 月，ESSM 在试验中首次成功拦截了超声速靶弹，同年 7 月，美国"宙斯盾"系统导弹驱逐舰首次成功发射 ESSM，该型导弹形成战斗力。2003 年 9 月，美海军完成对 ESSM 的作战试验与鉴定，给予其"适用和有效"的最高评价。2005 年，在荷兰海军的试验中表明，ESSM 能够在整个射程内拦截低空飞行的目标。

S14 "星光"防空导弹（英国）

■ 简要介绍

S14"星光"导弹系统是英国肖特公司在"标枪"导弹基础上发展起来的，是一种高速近程对空导弹武器系统，导弹代号 S14。1988—1989 年开始进行批量生产，1993 年装备英国陆军。

■ 研制历程

1986 年研制工作正式开始，1988 年肩射型星光导弹首次试验成功。"星光"最初被设计为一种单兵便携式快速反应的对空导弹系统，用以替代"吹管"导弹和"标枪"导弹。以后在此基础上又发展了三脚架式、轻便车载式、装甲车载式以及舰载式等多种型号。到 1993 年年底，共生产了 422 枚"星光"导弹，研制及生产总费用 2.7 亿英镑。一套"星光"导弹系统的售价约为 10.75 万美元（1994 年美元值）。

"星光"导弹可以分成三大部分。第一部分为弹体与弹翼，第二部分为动力装置，第三部分为三个子弹头。这种组成分类与传统的四大部分分类方法不同，主要是"星光"有三个子弹头，制导与控制系统都装在子弹头内，每个子弹头都装有各自的制导与控制系统。

基本参数	
弹长	1.397 米
弹径	0.127 米
作战距离	7 千米
杀伤概率	96%（单发）

■ 作战性能

"星光"防空导弹的子弹头杀伤体占各分弹头长度的一半多，散开的单个"标枪"子弹头最适合用来摧毁攻击地面飞机。导弹发射之后，"飞镖"子弹药同主弹体分离。系统会发射 3 束激光，为"飞镖"子弹药提供制导。"星光"导弹具有速度快、反应时间短、发射方式多样、单发杀伤概率高等特点，被攻击的目标基本上没有反应时间。

知识链接 >>

"星光"导弹采用二级火箭发动机，发射速度可达1020米/秒以上，凭借这项纪录，它成为世界上速度最快的短程地空导弹。"星光"导弹的战斗部为3枚箭状"标枪"子弹头，子弹头为鸭式布局，呈正三角形分布。据统计，"星光"导弹已经生产7000多枚，包括英国在内的多个国家装备了这款导弹。

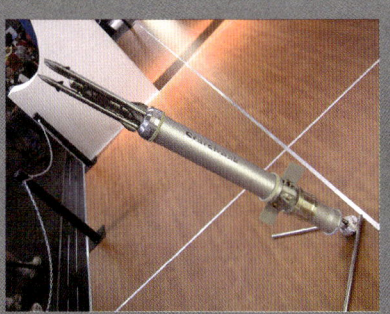

▲ "星光"防空导弹

ASPIDE
"阿斯派德"导弹（意大利）

■ 简要介绍

"阿斯派德"导弹是意大利塞列尼亚公司于1971年开始研制的一种多用途导弹，地空型导弹配"斯帕达"低空防卫系统，舰空型导弹配"奥尔巴托斯"武器系统，空空型导弹则用于F-104S飞机及其后继机上。

■ 研制历程

1971年，意大利塞列尼亚公司根据国防科学技术研究局投资的合同，开始在美制"麻雀3B"基础上发展"阿斯派德"导弹。因此，"阿斯派德"导弹外形与"麻雀3B"导弹极为相似，采用三角形尾翼和梯形弹翼以及菱形翼剖面。但主要改进是采用单脉冲角跟踪系统，电子设备固体化、集成化，压缩了电子舱体积，将空出的空间装了新的主动雷达引信；并将飞行控制舱的电子部件装在舵机舱后端；战斗部改装为破片式，并移装在舵机舱的前面；能源改为液压循环系统，并装在舵机舱前端。

其动力装置为一台单级固体火箭发动机，具有上射和下射能力。空空型中距导弹与地空型主要区别在于舵面与尾翼外形不同，并采用半主动雷达制导，可用于攻击战斗机、巡航导弹和无人驾驶飞行器。

基本参数

弹长	3.7米
弹径	0.2米
翼展	1.02米
最大速度	1531米/秒
最大射程	35千米
发射重量	220千克

■ 实战部署

"阿斯派德"地空/舰空型导弹、空空型导弹分别于1980年、1985年开始装备于意大利陆海空三军使用。另外，该导弹已出口希腊、西班牙、秘鲁等国家。

知识链接 >>

意大利曾经由美国授权生产约1000枚"麻雀"导弹，加上"阿斯派德"与"麻雀"外形相仿，导致有人认为二者有深厚的血缘关系，但实际上，"阿斯派德"的确是意大利独立发展的导弹。

▲ "阿斯派德"导弹发射瞬间

RBS-23 "巴姆斯"全天候防空导弹（瑞典）

■ 简要介绍

"巴姆斯"（RBS-23）全天候防空导弹是瑞典著名萨伯·博福斯公司于1993年开始研制的具有先进性能的近程全天候、全目标防空导弹系统。该导弹能够有效防御非常小和速度非常快的目标，于2003年开始装备于瑞典军队。

■ 研制历程

萨伯·博福斯作为瑞典著名的武器制造公司，自20世纪60年代以来，就推出数款性能优良的导弹，称为"尔布斯（RBS）"系列，如"尔布斯-70"便携式地空导弹、"尔布斯-15"反舰导弹、"尔布斯-15F"空舰导弹、"尔布斯-90"防空导弹等。

1991年，博福斯公司和爱立信公司完成了新导弹的计划方案，在1992年开始工程技术开发计划；1993年瑞典政府颁发合同，博福斯和爱立信依照合同进行全比例"巴姆斯"（Bamse）系统开发，并依惯例称为"尔布斯-23"。

之后几年，瑞典国防军、瑞典国防装备管理局和瑞典国防研究院先后完成了对"巴姆斯"系统的一系列性能测试；2000年，瑞典国防装备管理局授予萨伯系统公司生产承包合同。

■ 作战性能

"巴姆斯"整套系统能控制多达24枚"巴姆斯"全天候防空导弹。近程防空导弹系统突出快速性，全部"巴姆斯"系统组能在不到10分钟内准备发射就绪。单从射程来看，"巴姆斯"高达15千米的射程，目前在同类型先进近程车载型防空导弹中属最远的一种。

基本参数	
弹长	2.6米
弹径	0.108米
翼展	0.6米
弹重	80千克
最大射程	15千米
高度覆盖	15千米

▲ "巴姆斯"防空导弹正在展开

知识链接 >>

"巴姆斯"导弹防空系统用于保护固定和移动装备、物资、设施，能防御一定范围威胁，包括固定翼飞机、直升飞机、无人飞机、远程导弹、巡航导弹、反辐射导弹和制导炸弹等。

▲ "巴姆斯"防空导弹操作台

NAVAL STRIKE MISSILE
NSM 隐形反舰导弹
（挪威）

■ 简要介绍

NSM 隐形反舰导弹是挪威康斯伯格防务公司于 1996 年开始研制的具有隐形功能的新型反舰导弹。该导弹在研制过程中，既充分汲取过去数十年研制"企鹅"反舰导弹的经验，又借鉴了其他国家反舰导弹的优秀设计和技术成果，因此得到美国的青睐。

■ 研制历程

早在 1960 年时，康斯伯格防御与空间公司（又称防务公司）在西方国家几乎停止发展反舰导弹之际，却致力于发展反舰导弹。经过多年努力，推出了"企鹅"反舰导弹，于 1972 年开始投入使用。之后又先后研制成功企鹅-2、企鹅-3 和企鹅-4。

1996 年，康斯伯格防务公司在积累了数十年研制"企鹅"反舰导弹的经验基础上，正式开始研制"新型反舰导弹"，主要突出其隐形功能。2000 年，NSM 导弹进行了首次发射试验，2006 年进行了实战测试。

NSM 导弹于 2007 年服役，主要用来装备挪海军最新式的"南森"级护卫舰和高速导弹艇。

基本参数

弹长	14米
弹径	1.65米
弹重	12.5吨
射程	320千米

■ 实战部署

NSM 的外壳由复合材料制成，不但大幅度降低了导弹的重量，而且雷达反射率也较小。该导弹可以超低空飞行的方式接近目标，并且还可实施复杂的变轨机动，以躲避敌方防空火力的拦截。在末段飞行过程中，NSM 主要依靠红外导引头修正飞行路线。在最后迫近目标时超低空掠海飞行，同时实际攻击程序也是随机的，通过出其不意的三维迂回机动来突防目标防空武器的火控系统。

知识链接 >>

2009年年初，波兰表示了对NSM反舰导弹的兴趣，并最终在2010年正式签订合同购买了一批导弹。其延伸型号联合打击导弹（JSM）将装备于美国F-35战斗机。

▲ NSM反舰导弹发射车

AAM-1 空空导弹（日本）

■ 简要介绍

AAM-1 空空导弹是 1964 年由日本保安厅技术研究所、三菱重工公司开发和生产的，也是日本早期自主研发的一款短程空空导弹。

■ 研制历程

1954 年 7 月 1 日，日本正式组建航空自卫队；1961 年，日本防卫部门提出 AAM-1 型空空导弹开发计划。要求具有和美制 AIM-9B "响尾蛇"近距空空导弹相同的性能，由 F-86F 和 F-104J 战斗机发射。主承包商是日本三菱重工公司。1963 年 7 月，日本在新岛试验场进行了导弹地面发射实验，验证了红外导引技术的可靠性；1964 年，AAM-1 正式开始研制。

由于 AAM-1 是在美国出手援助的情况下，并在美国 AIM-9B "响尾蛇"空空导弹的基础上开始仿制和引进开发的，所以 AAM-1 空空导弹无论外观还是性能，都堪称活脱脱的美国 AIM-9B "响尾蛇"导弹的翻版。

基本参数

弹长	2.6米
弹径	0.15米
翼展	0.28米
弹重	70千克
最大射程	7千米

■ 使用情况

1965 年 9 月至 11 月，AAM-1 由日本实验航空队的 F-86F 型战斗机搭载开始进行空中发射试验，试验获得成功。AAM-1 空空导弹至 1971 年停产时，一共生产了约 350 枚，主要装备于日本当时使用的 F-86、F-104 等较老式的战斗机上。

▲ AAM-1 空空导弹

知识链接 >>

1956年，日本制订了所谓的五年造弹计划，以引进为基础，在仿制的基础上加快导弹研制的进度。而为了避免过度刺激国际社会，日本一开始并没有从美国引进技术，而是与瑞士签署了导弹采购合同，购买瑞士的"奥力康"导弹。仅用1年时间，日本就掌握了战术导弹的总体研发流程。

TYPE 88 SURFACE-TO-SHIP MISSILE

88式岸置反舰导弹（日本）

■ 简要介绍

88式岸置反舰导弹是日本三菱重工公司20世纪80年代中后期从空射的ASM-1反舰导弹改良来的二代导弹。

■ 研制历程

20世纪80年代，日本三菱重工公司在ASM-1空射导弹的基础上，开始研发第二代反舰导弹，其主要目的是配置于自卫队的岸上部队，并且可搭配一些雷达车或路基雷达、火控系统车、指挥协调车等。1988年，这种岸置反舰导弹通过一系列测试后正式投产，定名为SSM-1，又称88式。另外还有两种型，即空射型ASM-1C和舰射型SSM-1B。其中后者也称为90式舰舰导弹。

88式岸置反舰导弹改用涡喷主发动机加固体助推器的动力方式，因此射程比ASM-1有较大提高。它采用惯导加主动雷达末制导。

该导弹的发射车通常为10吨卡车，6联装发射架。并且要在海岸边不超过100千米内部署，才有制海效力。

基本参数

弹长	5米
弹径	0.35米
弹重	660千克
最大射程	150千米
最大速度	1150千米/小时

■ 作战性能

88式岸置反舰导弹的最大射程150千米，具有超视距反舰交战能力。该导弹由一枚固体助推火箭发射，发射后用涡轮喷气发动机进行远程巡航。据报道，该发动机是三菱重工公司TJM3涡轮喷气发动机的改进型，重45千克，可产生200千克的静推力。88式导弹重660千克，能够携带225千克的高爆弹头。

知识链接 >>

88式岸置反舰导弹1988年开始装备于日本陆上自卫队服役，基本配置编队中每辆74式运输卡车也同时是发射平台（6枚SSM-1），还要搭配一些雷达车或路基雷达、火控系统车、指挥协调车；也有的为雷达、火控、指挥合一的"支援车"。自卫队共有6个反舰导弹车连队分布在日本各处。

▲ 88式反舰导弹发射瞬间

TYPE 87 CHU-MAT
87式反坦克导弹（日本）

■ 简要介绍

87式反坦克导弹是日本防卫厅技术研究部于20世纪80年代研制出的一种半主动激光制导反坦克导弹，属于第三代反坦克导弹。1988年装备于部队，逐步替代64式反坦克导弹成为日本陆上自卫队反坦克导弹的主力。

■ 研制历程

1957年，日本防卫厅技术研究部与川崎重工业公司合作，以法国SS-10反坦克导弹为基础，开始研制第一代反坦克导弹，1964年定型为64式反坦克导弹。冷战时期，日本又着手研制第二代重型远程反坦克导弹，称为79式（ATM-2）。至1988年，川崎重工又推出了第三代反坦克导弹，1987年定型，即87式（ATM-3）反坦克导弹。

87式反坦克导弹系统重量只有79式的三分之一左右，大大提高了携行机动性。并且取消了导线制导，而采用半主动激光制导方式，在导弹发射后需要不断地用激光照射目标，飞行中的导弹接收目标反射的激光束，自动跟踪直至命中目标。其破甲厚度为600毫米。

基本参数

弹长	1米
弹径	0.12米
弹重	12千克
最大射程	2千米

■ 作战性能

87式反坦克导弹系统的配置包括由日本电气公司研发的激光指示器、夜视装置和装入发射管里的导弹。制导系统采用半主动激光制导方式，导弹的飞行速度可加快到250米/秒甚至更高（估计400米/秒）。该反坦克导弹系统架设于三脚架组件以上，指示器和发射器可以安装在不同的三脚架上，相互分离最多200米，借以达到远端控制，可以提高操作员的安全性；指示器、发射器和夜视装置也可安装在同一具三脚架上，进行快速射击。

知识链接 >>

87式反坦克导弹系统由三名操作员（分别是射手、瞄准手、弹药手）操作。与64式反坦克导弹和79式反载具导弹一样，它可以搭载于三菱73式吉普车或小松轻装甲机动车上，用于反装甲用途。此外，87式反坦克导弹还可以利用两脚架直接从肩膀发射导弹。携带6枚导弹时的全系统重量为140千克。该系统在各方面都与俄罗斯9K135"短号"反坦克导弹系统类似，但功能较弱。

▲ 87式反坦克导弹激光指示器

AAM-3
90式空空导弹（日本）

■ 简要介绍

90式（AAM-3）空空导弹是1986年日本保安厅技术研究所在AAM-2计划被迫中止后，开始研发的更新型的空空导弹，该导弹具有很高的格斗能力和目标捕捉能力，是日本航空自卫队的现役主力近距格斗空空导弹之一。

■ 研制历程

1970年，日本保安厅技术研究所开始试开发AAM-2空空导弹，当时主承包商仍是三菱重工。日本军方对这个新项目提出了更高的要求：在不对F-4EJ做较大改动的前提下，新导弹就能直接使用；整体性能要全面超越AIM-4D型空空导弹。1971年，3发AAM-2试验弹问世，但其后在新岛试验场的地面发射实验暴露出若干问题；1972年到1975年又进行了6次空中发射试验后，得到日本军方肯定。但这时，日本购买了美国最新型的"响尾蛇"格斗导弹AIM-9L的生产专利，AAM-2导弹的研制就此终止。

但是，这却促使日本企业坚定了研发国产空空导弹的决心，1986年就着手进行AAM-3的开发，仍由三菱重工担任主承包商，导引头和近炸引信由日本电气研制，战斗部由小松制作所研制。1987年9月开始一系列技术试验；1989年7月进行空中发射试验；次年正式投产，因此称为"90式"。

基本参数

弹长	1米
弹径	0.12米
弹重	12千克
最大射程	2千米

■ 作战表现

90式空空导弹的气动布局与美制AIM-9响尾蛇系列导弹相类似，但主要改进之处是采用双色红外导引头与主动激光引信和破片杀伤战斗部。当导弹侧面的传感器接收到反射波后即引爆战斗部。同时该引信装备大量传感器进行激光束的发射和接收，可以精确测定目标象限，从而保证导弹可以装备定向弹头，进行全向攻击。

▲ 90式空空导弹

知识链接 >>

90式空空导弹主要装备F-15J、F-4E改进型以及F-2支援战斗机。据日本媒体报道，在AAM-3装备部队后的一次模拟实战训练中，日本航空自卫队将AAM-3装备到训练水平较低的部队，而将AIM-9L装备到训练有素的王牌部队。即便如此，在较量中，AIM-9L依然处于明显劣势。可见AAM-3同AIM-9L相比，其机动性、抗干扰性和目标捕捉等各方面具有优越性能。

ASM-1C ASM-2
91式、93式空舰导弹(日本)

■ 简要介绍

91式(ASM-1C)空舰导弹和93式(ASM-2)空舰导弹均为日本三菱重工公司研制,因分别于1991年和1993年定型后正式投产而命名。它们都是在80式的基础上改进而来,性能上有大幅提高。

■ 研制历程

作为日本自行研制的第一个空舰导弹,80式实现了日本空舰导弹研制的新突破,在该导弹基础上,之后发展了改进型91式(ASM-1C)和93式(ASM-2),前者1986年开始改进、1992年开始服役;后者1988年开始改进,1990年开始试射,1993年完成试射,1994年投产。此外,还改进发展了反辐射型导弹。

1992年,91式(ASM-1C)设计定型并量产服役,装备于日本航空和海上自卫队。

1993年,93式(ASM-2)投产。1995年,93式(ASM-2)空舰导弹正式装备航空和海上自卫队。

基本参数(91式)

弹长	3.98米
弹径	0.35米
翼展	1.19米
弹重	510千克
最大射程	65千米

■ 作战性能

91式空舰导弹在保持ASM-1基本气动外形、导引头和战斗部完全相同的情况下,对导弹结构进行了优化设计,其发射重量由ASM-1的600千克降低到510千克,而射程却增至65千米。

"93式空对舰诱导弹（ASM-2）"

知识链接 >>

航空自卫队与三菱重工于1996年左右为93式研制了反辐射导引头。反辐射型93式于2000年前定型并量产服役，也使日本成为当今世界为数不多能独立研制生产反辐射导弹的国家之一。

▲ 93式空舰导弹

TYPE 91 SURFACE-TO-AIR MISSILE
91式"凯科"地空导弹（日本）

■ 简要介绍

91式"凯科"地空导弹是日本东芝从1977年开始研制的日本第一代国产便携式地空导弹，也是世界上第一种采用红外成像制导的地空导弹，具有全向攻击能力，抗干扰能力也比较强，但一直到1991年才定型生产，1993年开始装备军队。

■ 研制历程

1977年，日本为了取代美国制造的"毒刺"便携及肩扛式防空导弹于自卫队的存货，由东芝开始研制"凯科"便携地空导弹武器系统。作为日本第一代国产便携式地空导弹，由于研制期间不断改进和试验，直至1991年才定型并开始生产，便称为"91式"；俗称为便携SAM（携SAM）、SAM-2、PSAM和手箭。

91式"凯科"之所以有时候会被误称为日本国产版的"毒刺"防空导弹，因为其外形有些类似，但后者只使用了被动式红外线导引热追踪的制导系统，而"凯科"则是世界上第一种采用红外成像制导的地空导弹，包括可见光和红外线诱导的系统选项。当制导系统锁定目标后，成像导引头储存目标图像，这样可提高图像解析能力和抗干扰能力，制导精度也随之提高。

基本参数

弹长	1.4米
弹径	0.8米
弹重	12千克
最大射程	5千米

■ 装备使用

91式"凯科"于1993年入列装备，专门为自卫队所使用。由于受到日本国宪法的限制，该导弹并没有远销海外。

知识链接 >>

为提高导弹的机动能力，日本又把"凯科"地空导弹装到轮式车上，共配备有 8 枚"凯科"导弹，并配有辅助的火控与雷达系统，使之成为自行式地空导弹系统。这种系统 1996 年开始装备，因 1993 年定型生产而命名为"93 式"地空导弹。

▲ 91 式"凯科"地空导弹

ATM-4
96式多用途导弹（日本）

■ 简要介绍

96式（ATM-4）多用途导弹是日本反坦克系列导弹家族的重要成员，研制开始于20世纪80年代，于1996年才开始生产并装备部队，成为世界上第一种服役并具有当时世界第一远射程（可达8000米）的反舟艇、反坦克光纤制导导弹，也是日本反坦克导弹技术居世界领先水平的重要标志。

■ 研制历程

日本在冷战时期一直担心苏联在其本土登陆。而苏联没有船坞登陆舰、两栖攻击舰，只有坦克登陆舰，仍像二战那样抢滩登陆。有鉴于此，79式反坦克导弹在服役初期的主要任务是打登陆舰艇，反坦克退居次要地位。

20世纪80年代后，海盗与恐怖活动日益猖獗，日本海域多次发生人质被劫和不明船只的侵入，这使得日本深感抗登陆、反渗透手段的不足，防卫厅发誓要重点防备特种部队有组织的渗透和突然袭击。

于是，ATM-4多用途导弹便在这种背景下应运而生。从1986年开始研制，1990年后进行试验和发射数据论证，1996年才正式定型生产，因此命名为96式多用途导弹。

基本参数	
弹长	1.4米
弹径	0.8米
弹重	12千克
最大射程	8千米

■ 使用情况

96式多用途导弹可在飞行过程中更换目标，且能精确地选择弹着点。另外，因为操作者在导弹的整个飞行过程中无须持续瞄准，因此，射手的战场生存率得到了保证，如果选择发射后不管的模式，射手可快速转换攻击目标，大大提高了战斗效率。

知识链接 >>

96式多用途导弹于1996年开始装备于日本陆上自卫队，该导弹系统由侦察车、导弹发射车、射击指挥车、信息处理车、弹药补给车等不同用途的车辆组成。

▲ 96式多用途导弹发射车

ASM-3

ASM-3 型超声速导弹（日本）

■ 简要介绍

ASM-3 型超声速导弹是日本防卫省技术研究本部和日本三菱重工公司于 2010 年开始研制的日本首款自主研发的最新型雷达制导超声速空舰导弹。2018 年 1 月完成开发工作，计划主要由日本航空自卫队的 F-2 多用途战斗机携带。

■ 研制历程

20 世纪 90 年代，日本考虑到舰载防空系统性能有待提高，认为其现役的 ASM-1 反舰导弹的性能已经不能满足需要，因此决定研制 ASM-1 的后继导弹，要求该导弹具备更大的射程、速度，能够迅速在对方舰载防空系统的火力范围外发起攻击，同时通过弹身进行隐形化改进、提高电子系统的抗干扰能力来增加导弹的命中概率。

从 1990 年到 1997 年，日本开展了"未来超声速反舰导弹"的先期技术论证工作，确定新型导弹采用整体式冲压发动机，此后进行了地面启动、燃料特性和高空模拟启动和飞行试验，2002 年，日本决定研制超声速反舰导弹的原型弹。由于进度的延误，2003 年国会取消了此项目的拨款。

2004 年，这一项目才正式启动。2006 年日本制出首批 XASM-3 试验样弹，并用 F-2A 战斗机进行了挂飞和试射。2010 年，日本国会正式批准"新型反舰导弹研制计划"，新型导弹在 2016 年投入使用。

基本参数

弹长	6米
弹径	0.35米
弹重	900千克
最大射程	200千米
最大速度	1020米/秒

■ 作战性能

ASM-3 导弹采用整体式火箭冲压发动机，从而可以超声速飞行，弹体下方有两个冲压发动机进气口，仅有安装于弹尾的一组共三片控制面，夹角成 120°分布，除尾舵外没有任何其他控制面。该导弹发射和加速阶段由组合循环式火箭发动机推进，在超声速巡航阶段，由吸气式冲压发动机推进，并具有一定的隐身能力。ASM-3 很可能采用一种极为少见的高空突防加末端大角度俯冲攻击弹道模式。

▲ ASM-3 型超声速导弹

知识链接 >>

据《每日新闻》2018 年 1 月 7 日消息，日本已完成其首款自主研发的超声速空舰导弹的开发工作。该报道称，雷达制导的 ASM-3 导弹于 2019 财年投入生产，导弹的开发工作已于 2017 年年底完成。将来主要用于替代日本 93 式空舰导弹，配备在空自 F-2 战斗机上而成为空自新一代机空射反舰导弹。

GABRIEL
"迦伯列"空舰导弹（以色列）

■ 简要介绍

"迦伯列"空舰导弹是以色列航空工业公司自 1967 年开始研制的空舰导弹，已经发展出 MK-Ⅰ、MK-Ⅱ 和 MK-Ⅲ 等型号，其中"迦伯列"MK-Ⅲ 空舰导弹是自"迦伯列"3 舰舰导弹的基础上，于 1978 年发展而来，是"迦伯列"武器系列中最新式的导弹系统。

■ 研制历程

1967 年，以色列海军的"埃拉特"驱逐舰被埃及海军用苏制冥河导弹击沉后，即着手研制"迦伯列"MK-Ⅰ 反舰导弹。主承包商为以色列飞机工业公司中一家主要武器系统公司——MBT 公司。后又研制成 MK-Ⅱ 型导弹，出口给 5 个国家海军使用，这也是西方国家首次使用的掠海式导弹。

"迦伯列"MK-Ⅰ 空舰导弹于 20 世纪 70 年代开始装备于以色列军队。1978 年，以色列海军又在 MK-Ⅱ 型基础上，发展出"迦伯列"3 舰舰导弹和"迦伯列"MK-Ⅲ 空舰导弹，1984 年开始生产，同年入役。主要装备于以色列现役的 F-4"鬼怪"、A-4"天鹰"飞机，以及 1124A 海上巡逻飞机。

基本参数	
弹长	3.85 米
弹径	0.34 米
翼展	1.1 米
发射重量	590 千克
射程	36 千米

■ 作战性能

"迦伯列"MK-Ⅲ 通过雷达导引头主动制导，最大射程 36 千米，最小射程 6 千米。其战斗部（150 千克）也有一些改进，并加强了电子干扰防护装置。导弹仍旧装有两个固体发动机——一个巡航发动机和一个加速助推器，飞行速度为 221 米 / 秒。该导弹是平直飞行，能在高达 -5 级海情时发射。导弹的全天候指挥系统装备射击控制雷达和光学装置，该系统可同时跟踪 20 个目标，其发射程序短，是自动发射。

知识链接 >>

"迦伯列"MK-Ⅲ可装备于各种不同类型的舰艇——巡逻艇、巡洋舰、驱逐舰。"迦伯列"导弹是西方国家唯一参加过海战的导弹。

▲ "迦伯列"导弹三联装发射箱

JERICHO

"杰里科"系列弹道导弹（以色列）

■ 简要介绍

"杰里科"弹道导弹是以色列宇航公司于20世纪70年代开始研制的一系列导弹武器，共有"杰里科-1"、"杰里科-2"和"杰里科-2B"以及"杰里科-3"等几种型号，其射程逐渐增大到3000千米以内，这个射程覆盖沙特全境，足以对伊朗主要大城市进行核打击。

■ 研制历程

1969年，以色列和美国签订协议，保证以色列的弹道导弹将不会用于战略打击（即不会为弹道导弹安装核弹头）。1971年《纽约时报》公开了以色列的短程弹道导弹项目，即为"杰里科-1"弹道导弹。

由于"杰里科-1"射程有限，于是以色列在20世纪70年代中期开始研制"杰里科-2"型弹道导弹。80年代初以色列又研制出"杰里科-2"导弹的增程型，即"杰里科-2B"。1988年，以色列又研制出射程更远的"杰里科-3"。

基本参数（杰里科-2B）

弹长	14米
弹径	1.56米
弹重	26吨
射程	3500千米

■ 武器性能

"杰里科-1"导弹的最大射程可达500千米，不过制导精度不高。"杰里科-2"弹道导弹的射程有了很大提高，达1300千米~1500千米，投掷能力1000千克，具备了对主要阿拉伯国家的战略打击能力。增程型"杰里科-2B"导弹因使用了更轻的弹头而拥有更大的射程。"杰里科-3"导弹的命中精度仅比"杰里科-2"导弹有略微的提高。

知识链接 >>

以色列于1973年为"杰里科-1"短程弹道导弹部署了核弹头。"杰里科-2"和"杰里科-2B"则于20世纪80年代装备服役。而20世纪90年代装备于以色列军队的"杰里科-3",其射程估计达到5000千米,成为以色列主要的威慑手段。

▲ "杰里科-2"弹道导弹

BARAK
"巴拉克"防空导弹（以色列）

■ 简要介绍

"巴拉克"防空导弹是以色列宇航工业公司与拉菲尔先进防务系统公司研制的舰载防空导弹系列，现有两种型号，分别为"巴拉克-1"和"巴拉克-8"，前者属于近程点防御防空导弹，后者属于中程区域防空导弹。

■ 研制历程

20世纪70年代末，以色列为给350吨~400吨级巡逻艇提供有效的近程点防御而进行配套导弹系统的设计，要求可对多种目标进行高、中、低空拦截，具有杀伤范围大、系统操作简单等特点，特别是具有对反舰导弹的卓越拦截能力，其设计思想与法、意"紫菀"防空导弹类似。

1979年，这一防空导弹武器系统开始研制；1981年首次在巴黎航展展出，当时公开名称为"巴拉克"（希伯来语"雷霆"之意）；1983年6月，巴黎航展展出其改进型"巴拉克-1"；1984—1988年进行了多次发射试验，随后投入生产。

2003年9月，以色列Elta公开了新研发的、当时世界上体积重量最低的舰载主动相控阵雷达EL/M-2248 MF-STAR固态主动相控阵系统，为了配合该系统，Elta（被IAI购并）与拉菲尔又进一步开发"新的巴拉克（Barak NG）"区域防空导弹，称为"巴拉克-8"。

基本参数（巴拉克-1/巴拉克-8）	
弹长	2.10米 / 4.5米
弹径	0.18米 / 0.25米
翼展	0.66米
最大射程	12千米 / 100千米
导弹重量	98千克 / 275千克

■ 作战性能

"巴拉克-1"采用雷达跟踪加瞄准线指令制导方式，每部雷达可同时制导2枚导弹攻击同一个目标。该导弹配备22千克的高爆弹头，拥有弹侧喷气技术以便垂直射出后立刻转向目标，灵活度极高。"巴拉克-8"采用垂直发射，换装主动雷达寻标器，并使用新的双节脉冲固态火箭推进器，射程大幅提高，可对付战机与反舰导弹。

▲ "巴拉克-8"防空导弹

▲ "巴拉克"防空导弹陆基发射系统

知识链接 >>

2003年，印度海军在其西南部的果阿海岸进行了试射，2006年印度也开始参与"巴拉克-1"导弹的研制，从而成为该导弹最大的海外客户。"巴拉克-8"防空导弹2003年开始入装以色列军队。2007年6月，印度国防研发组织（DRDO）与以色列正式签署合作开发"巴拉克-8"的协议，而印度则称之为"长程舰载防空导弹（LRSAM）"。

PYTHON
"怪蛇"空空导弹（以色列）

■ 简要介绍

"怪蛇"空空导弹是以色列拉菲尔公司自20世纪70年代至90年代研制的第三/四代空空导弹，它们都以"蜻蜓-2"为基础，也就是说，均有着美制导弹深深的烙印，但逐渐提高杀伤概率和抗干扰能力，成为具有极大威力的空中杀手。

■ 研制历程

20世纪70年代初，拉菲尔公司开始在"蜻蜓-2"的基础上，改进发展第三代近距红外型空空导弹，1975年开始设计，1977年工程发展，1981年交付样弹，同年6月在巴黎航展上首次露面，1982年开始生产并交给以色列部队，称为"怪蛇3"。

"怪蛇3"采用三角形鸭式舵面，平行四边形的弹翼较"蜻蜓"系列导弹明显加大，在每个弹翼的翼尖上装有陀螺舵，使导弹得到横滚稳定。

之后，拉菲尔公司就对"怪蛇3"进行改进，于80年代末开始进行评估试验；1992年开始生产，是为第四代空空导弹"怪蛇4"。

1998年，拉菲尔公司又在"怪蛇4"的基础上，开始设计"怪蛇5"这种新型红外成像型格斗导弹，称之为第五代空空导弹。

基本参数

弹长	3米
弹径	0.16米
翼展	0.4米
最大射程	18千米
导弹重量	105千克

■ 作战性能

"怪蛇4"采用双鸭式气动外形布局，是西方使用的第一种大离轴角近距空空导弹。导弹装有数字式自动驾驶仪，依靠空气动力控制面而不是推力失量控制来获得高敏捷性。装有一种"成像"焦平面阵列导引头，有更好的抗红外干扰能力和识别目标图像以及瞄准点选择能力。

知识链接 >>

"怪蛇 3"空空导弹 1982 年开始服役，同年年中首次用于中东"贝卡谷之战"并取得命中 50 发的战绩；1984 年开始向国外大量出口。

"怪蛇 4"1993 年进入以色列国防部队空军服役，装备于 F-16 战斗机；"怪蛇 5"于 2005 年开始入装以色列空军，也主要装备于 F-16 战斗机。

▲ F-15D 机翼下的"怪蛇 4"导弹

ARROW-2
"箭-2"反导武器系统（以色列）

■ 简要介绍

"箭-2"反导武器系统是以色列飞机工业公司于20世纪90年代研制的一种两级高速导弹系统。它是箭反战术弹道导弹原型的后继型，被称为世界上第一种实用型战区弹道导弹防卫系统，拦截导弹最高飞行速度达到9倍声速，是世界上飞行速度最快的防空导弹。

■ 研制历程

20世纪80年代末，以色列飞机工业公司与美国弹道导弹防御局开始合作研制"箭反战术弹道导弹"，于90年代初推出"原型箭导弹"。90年代中期，以色列在海湾战争期间曾受到伊拉克39枚"飞毛腿"导弹的袭击，迫切希望建立战区导弹防御系统。于是在美国的支持下，以色列开始研制"箭-2"反导武器系统。

"箭-2"反战术弹道导弹系统采用多联装筒式发射装置，每个巨大的发射装置里装有6枚拦截导弹，导弹射程超过100千米，最大拦截高度达50千米。该导弹配置有"绿松"雷达，能够在480千米以外发现目标，并能同时跟踪和指挥拦截14枚来袭的"飞毛腿"导弹。

基本参数	
弹长	7米
弹径	0.8米
拦截高度	50千米
最大射程	100千米
发射重量	1300千克

■ 装备使用

2000年3月14日，以色列国防部宣布，将在境内正式开始部署第一个"箭-2"式导弹连。当天下午，在特拉维夫以南的帕尔马奇姆空军导弹试验基地举行的一个仪式上，以色列飞机工业公司象征性地将第一套"箭-2"式导弹防御系统交给空军。2002年，第二个"箭-2"式导弹连也已经完成部署，阵地设在以色列北部哈德拉市附近；同时，第三个"箭-2"导弹连正在组建中。

知识链接 >>

2012年,以色列又对"箭-2"导弹防御系统进行了升级,产生了"箭-2" Block 3 和 Block 4,以及更新一代的"箭-3"反导系统。后者采用了改进的拦截弹、新的雷达技术以及可与美国系统保持同步的新型技术。

▲ "箭-2"雷达系统

SPIKE

"长钉"反坦克导弹（以色列）

■ 简要介绍

"长钉"反坦克导弹别名"吉尔"，由以色列的拉菲尔公司在 20 世纪 90 年代初期开始研制生产，是一种低成本、发射后不管的便携式反坦克导弹系统，适合城市条件下的反坦克作战，因此成为世界上最受追捧的反装甲武器，后又发展出"长钉"–SR / MR / LR / ER 等多个类别，构成了一个庞大的家族。

■ 研制历程

赎罪日战争对以色列国防军建设的影响极为深远。战后不久，以色列就从美国引进了"陶"式反坦克导弹，不仅装备步兵分队，还安装在 M-113 装甲车底盘上，跟随机械化部队作战。

20 世纪 90 年代，专门研制生产导弹武器的以色列拉菲尔公司就在消化吸收美国技术的基础上，开始研制自己国产的反坦克导弹。从 1999 年到 2003 年，相继推出了一系列杰作，便是"长钉"反坦克家族：长钉–SR（短程）、长钉–MR（中程）、长钉–LR（LR 远程）和长钉–ER（增程型）。

基本参数（长钉-ER型）

弹长	1.67 米
弹径	0.13 米
弹重	34 千克
最大射程	8 千米

■ 作战性能

"长钉"家族的所有型号全部采用串联战斗部；采用高效数据传输能力的光纤制导，它赋予导弹更多的作战模式和任务弹性。"长钉"导弹在发射之后，遵循一个高抛线的轨迹，当它接近目标时受驱动向下采用"攻顶"方式去撞击目标。高抛线轨迹和串列高爆弹头使导弹能够穿透安装爆炸反应装甲的坦克。

知识链接 >>

"长钉"反坦克导弹也积极向海外发展,先是被新加坡陆军选用;芬兰陆军又订购该导弹作为旅级部队的中程反装甲武器。因为反映良好,所以英军也选择了"长钉"并开始将之引入市场。该导弹目前已进入英国、美国、德国和荷兰的军火市场。

▲ "长钉"反坦克导弹

SHAHAB
"流星"弹道导弹（伊朗）

■ 简要介绍

"流星"弹道导弹是伊朗一系列弹道导弹的总称，包括20世纪80年代引进苏联（俄罗斯）的"飞毛腿"导弹改称的"流星Ⅰ"和"流星Ⅱ"，以及从1993年开始仿制或自行研制的"流星Ⅲ""流星Ⅳ""流星Ⅴ"以及"流星Ⅵ"等。

■ 研制历程

伊朗在1987年向苏联订购了200多枚"飞毛腿-B"导弹，在本国组装后改称"流星Ⅰ"导弹；90年代又购进的"飞毛腿-C"则改称"流星Ⅱ"。从1993年开始，开始由伊朗航空当局领导在朝鲜"劳动-1"的基础上设计"流星Ⅲ"中程弹道导弹，2002年决定量产。在此期间，伊朗从1996年也开始研制"流星Ⅳ"中程导弹，后又成功研制"流星Ⅴ"和"流星Ⅵ"两种远程导弹。

"流星Ⅲ"导弹作为伊朗自行生产的弹道导弹，采用惯性制导，精度190米，这种导弹的高精度及远射程性能，有能力对以色列和美国在海湾地区的军事基地发动打击。正如伊朗国防部长沙姆哈尼所说，伊朗研制成功"流星Ⅲ"之后，在国防领域已经取得了"有效的威慑力量"。

基本参数（流星Ⅲ）	
弹长	16米
弹径	1.35米
最大射程	1500千米
发射重量	16吨

■ 装备使用

据欧美传媒介绍，伊朗国防军和革命卫队至今所装备的地地弹道导弹总数为1500多枚，射程涵盖200千米~1700千米的范围。其中"流星Ⅲ-A"型中程导弹可说是伊朗人心目中的"反击王牌"。

▲ "流星Ⅲ"弹道导弹

知识链接 >>

"飞毛腿"导弹是苏联20世纪50年代研制的一种近程地地战术弹道导弹，是德国V-2导弹的仿制品，有A、B两种类型，可装配常规弹头和核弹头，采用车载机动发射。A型于1957年服役，B型是A型的改进型，1965年服役。苏联从1980年起用新一代固体机动中程导弹SS-23替换"飞毛腿-B"导弹。

GHADR-110
"征服者-110"近程弹道导弹（伊朗）

■ 简要介绍

"征服者-110"导弹是伊朗国有航空工业公司从20世纪90年代后期开始研制的一款固体推动超面对面弹道导弹，2002年获得成功，共有两代，其杀伤力要比之前的弹道导弹更大，而且寻找目标的准确性更强，因此被列为伊朗最有效率的导弹之一。

■ 研制历程

1995年，伊朗巴哈里工业集团决定在"地震-2"火箭弹基础上，研制一款短程弹道导弹，称为"征服者-110"。2002年9月，伊朗成功地对"征服者-110"导弹的最终版进行了飞行测试，航空工业组织专门开设了一家工厂开始量产该导弹。2004年，伊朗方面又公布了"征服者-110"导弹的增程版。而2010年则又测试了升级版第三代"征服者-110"。

"征服者-110"导弹是一种新型固体推进剂地地导弹，基本型是一种近程面对面弹道导弹，但其升级版射程超远（第二代为250千米，第三代为300千米），并且其杀伤力更大而且寻找目标的准确性更强；第三代更配备了更为精确的制导系统，能准确射中海上的目标，是伊朗军火库同类武器中精确性最高的地地弹道导弹。

■ 实战部署

2001年左右，第一代"征服者-110"开始入装伊朗军队，2010年9月，第三代"征服者-110"导弹已经转交给伊朗武装部队。

基本参数	
弹长	不详
弹径	0.45米
最大射程	170千米~300千米
发射重量	不详

▲ "征服者-110"近程弹道导弹

知识链接 >>

伊朗目前威力最大的反舰弹道导弹是"波斯湾"导弹,它是以"征服者-110"为基础研制而成。"波斯湾"导弹对这些早期的反舰导弹做了许多改进,如加大射程和使用固体燃料(过去只有部分反舰导弹使用固体燃料),使用了中段惯性制导。因此这种携带650千克弹头的超声速导弹不受拦截装置影响,以高精度系统为特色。

SEJIL 2
"泥石2"中程弹道导弹（伊朗）

■ 简要介绍

"泥石2"导弹是伊朗自21世纪初在"征服者-110"基础上发展的新型中程弹道导弹，最初时称"泥石-110"。该导弹使用新型复合固体推进剂，具备高速、高精度，并可使用"流星"系列导弹的陆地机动运输/起竖/发射装置，尤其所采用的两级火箭技术是一个很大的进步。

■ 研制历程

2005年左右，伊朗完成了两种近程固体弹道导弹"征服者-101"和"征服者-110"的两型固体发动机。之后在引进技术的基础上，开始发展了两级固体弹道导弹。2008年时称为"泥石-110"；而在2009年报道时，则又称其为"泥石2"。

"泥石2"与此前的中导弹型号"流星Ⅲ"性能相比有较大提高。首先是反应能力提高，在发射架上的起竖时间大幅缩短至30分钟；其次是生存能力提高，后者虽然可进行公路机动，但由于采用液体推进剂，可靠性差，影响机动性，前者采用固体推进剂，不需提前加注，且可靠性较高，机动性好，方便作战使用；再次是命中精度提高，前者命中精度最高为1000米，后者命中精度估计可达350米。

基本参数	
弹长	19米
弹径	1.4米
最大射程	2000千米以上
重量	26吨

■ 实战部署

2009年5月20日，伊朗电视台首次播出了伊朗成功发射"泥石2"导弹的画面。但之后，"泥石2"导弹仅在9月22日伊朗纪念两伊战争爆发29年的阅兵中出现，试验报道逐渐减少。外界估计，这或许是由于伊朗的固体导弹发展计划遭遇技术瓶颈，并可能因为2011年11月发生重大事故而导致相关工作长期停滞。

知识链接 >>

由于伊朗多次对引进的导弹改名，或在仿制、研制过程中不断改变名称，加之历史上伊朗的导弹计划层出不穷，因此外界经常半开玩笑地说："伊朗的导弹计划是导弹名称多于导弹数量。"比如"流星3D"又称"流星3M"，引入的"火星-10"又称"BM-25"等。

▲ "泥石2"中程弹道导弹

KHORRAMSHAHR
"霍拉姆沙赫尔"中程弹道导弹（伊朗）

■ 简要介绍

"霍拉姆沙赫尔"中程弹道导弹是伊朗在2010年之后，开始在"泥石2"的基础上研制出的第三代导弹武器。该导弹首次亮相于2017年9月的大阅兵中，射程据称可将以色列和欧洲大部分领土都覆盖在内。

■ 研制历程

20世纪80年代，伊朗从苏联引入了SS-N-6型潜射导弹，之后即对这种导弹技术进行了研究。而同时，其弹道导弹的发展非常迅速。

2010年之后，伊朗将这两种导弹技术加以整合，在"泥石2"和SS-N-6的基础上，开始研制其第三代新式中程弹道导弹。

2016年年初，美国和以色列情报部门发现，伊朗试射了某型中程弹道导弹，但弹道特征与以往发现的"流星Ⅲ"和"泥石2"不同，怀疑伊朗正在开发新型中程导弹。

2017年9月22日伊朗纪念两伊战争爆发37周年的阅兵式上，这个谜底才解开，当日伊朗将称为"霍拉姆沙赫尔"的新型导弹向外界公开。

基本参数

弹长	小于15米
弹径	大于1.5米
最大射程	2000千米以上

■ 作战性能

"霍拉姆沙赫尔"的头锥应该采用了复合材料等特殊设计，使其具备使用多个子弹头的可能。不过由于分导式弹头分离盘需占用一定的质量，而且技术较为复杂，因此该弹更可能是一种集束式子弹头。这是一种不同于霰弹式子母弹的多弹头形式，其分离距离有限，主要用于打击集群目标。阅兵时可以从导弹尾焰情况推断，应该是源于苏联时代SS-N-6潜射导弹的4D10发动机。

知识链接 >>

据报道，"霍拉姆沙赫尔"导弹可搭载1800千克新型战斗部，射程可达2000千米以上。伊朗已经在其领土中部山区部署了数十个该导弹发射阵地，是目前伊朗的重要威慑手段。

▲ "霍拉姆沙赫尔"中程弹道导弹

HYUNMOO
"玄武"系列巡航导弹（韩国）

■ 简要介绍

"玄武"系列巡航导弹是韩国 20 世纪 80 年代开始研制并一直持续到现在的系列巡航导弹，最主要的是 2001 年的"玄武 -2"和 2006 年的"玄武 -3"系列远程巡航导弹，该导弹的攻击范围不仅可以覆盖朝鲜全境，而且包括中国和日本在内的部分地区。

■ 研制历程

1979 年，韩国和美国达成《韩美导弹框架协议》，80 年代发展出了名为"玄武 -1"的弹道导弹。2000 年，韩国在"玄武 -1"的基础上，开发出了"玄武 -2"导弹，包括"玄武 -2A""玄武 -2B"和"玄武 -2C"。2006 年至 2007 年间，进一步发展出射程更远的"玄武 -3A""玄武 -3B"以及"玄武 -3C"。

"玄武 -1"可以在拖车牵引下机动作战。但射程仅有 180 千米，相较于"飞毛腿 -B"（朝鲜装备），该导弹并没有任何优势可言。"玄武 -2"由于掌握了先进的技术，射程和精确度都有很大的提高。尤其是"玄武 -3"导弹，不仅射程提高到惊人的 1500 千米，而且按事先输入的数字地图飞行，在最后阶段加了红外线视频目标确认的步骤，所以精确度提高至 1 米到 3 米，据称它"数百千米之外的窗户也能被准确命中"。

■ 实战部署

"玄武 -1"从 1982 年左右入役韩国军队；2001 年韩美缔结导弹协定后，韩军开始将"玄武 -2"这种射程比弹道导弹远得多的远程巡航导弹装备于军队。2010 年 7 月，"玄武 -3C"首次进入韩国军队实战部署，而之前"玄武 -3A"和"玄武 -3B"已经秘密入役，2010 年前后，韩国共部署了数百枚"玄武"导弹。

基本参数（3C）	
弹长	12 米
弹径	0.8 米
弹重	13 吨
射程	1500 千米

知识链接 >>

"玄武"导弹的命名其实很有寓意,在韩语中,"玄武"的意思是专门守护北方的神兽,意思可想而知。 而在导弹的分类上,韩国由于导弹技术限制条约,所以不能研制超过 500 千米航程的巡航导弹和无人机。因此,韩国方面从研制初期,就坚称"玄武"是一款弹道导弹,而非巡航导弹。但是根据其各项性能指标,"玄武 -3C"已分明是一款不折不扣的巡航导弹了。

▲ "玄武 -2" 巡航导弹

HONG SANG EO

"红鲨鱼"反潜导弹（韩国）

■ 简要介绍

"红鲨鱼"反潜导弹是韩国国防科学研究所于2000年开始自主研发的远程垂直发射的反潜武器。据韩国国防科学研究所称，韩国由此成为继美国垂直发射（VLA）"阿斯洛克"之后世界上第二个自主研发出这种反潜导弹的国家。

■ 研制历程

早在韩国建国之初，由于其国土狭小而又三面环海，所以对东北亚地区的潜艇水下竞争非常关注。后来，这里确实是世界上潜艇部署最密集的地区，也是世界各国潜艇水下竞赛的主战场。这里云集日本、朝鲜、俄罗斯、美国等各类潜艇估计近200艘，因此未来的海上反潜战是重要作战目标。

为此，韩国海军从成立时就极力发展其反潜力量，不仅引进大量外国先进反潜导弹，而且致力于自主研发。经过半个世纪的发展，国防科学所于2000年开始研制远程垂直发射的"红鲨鱼"反潜导弹，历时9年，终于在2008年研制成功。

基本参数

弹长	5.7米
弹径	0.38米
弹重	820千克
射程	20千米

■ 装备计划

"红鲨鱼"反潜导弹通过加装带有矢量控制装置的火箭助推器整合而成。它采用一具复合碳纤维对转螺旋桨和一台300千瓦低速旋转无刷电机，可无级变速，电机省去变速箱，整个推进系统异常安静，并且是垂直发射。因此，"红鲨鱼"导弹具有发射速度快、范围广、装载量大、装载速度快、有利于隐身等特点，这比俄罗斯的反舰导弹的倾斜发射有一定的优势。

▲ "红鲨鱼"反潜导弹

知识链接 >>

2013年，韩国国防发展局称"红鲨鱼"反潜导弹正式进入现役。主要装备在具备垂直发射能力的KDX-2和KDX-3型导弹驱逐舰和"独岛"级轻型航母上，当然还有未来研发的其他新型水面舰艇上，这将显著增强这些舰艇的远程反潜能力。这些装备有美国MK41垂直发射装置和韩国仿制的垂直发射装置的舰艇，具备混合装载各类反舰反潜和防空导弹的能力。

RODONG
"劳动"弹道导弹（朝鲜）

■ 简要介绍

"劳动"弹道导弹是朝鲜从1988年开始，在引进和仿制的"火星"系列（即"飞毛腿"）基础上自主研发并装备的中程弹道导弹，其中"劳动一号"为公路机动、液体火箭发动机，专为攻击集群目标、重要枢纽设计，于1998年开始服役。

■ 研制历程

"劳动"（Rodong）弹道导弹的具体开发工作始于1988年，依照原型为苏联"飞毛腿C"弹道导弹，起先导弹的设计和研发都是由朝鲜工程师独立完成的。1990年5月第一次试射，由于朝鲜遭遇经济危机，为了解决资金和技术问题，开始另辟蹊径，采用了与外界合作的方式：引进技术、共同投资、合作试验、分享成果。其间获得伊朗、独联体国家的帮助，1994年开始在地下工厂中进行制造。之后不断进行改进。

基本参数	
弹长	16.2米
弹径	1.32米
弹重	16.5吨
射程	1300千米

■ 作战性能

"劳动一号"其实可被视为苏联"飞毛腿C"弹道导弹的增大射程版，尾部有4个弹翼，弹体长度和弹径都有所扩大，具备了装载更多燃料的空间，其射程增大，弹头设计较为独特，具备了中程导弹的特征。该导弹可从改装后的俄罗斯运输竖起发射车，也可从改装后的朝鲜履带平台、卡车上发射。推测认为，除常规弹头外，还可以搭载核弹头；使用了惯性制导系统和全球定位系统。

▲ "劳动"弹道导弹

知识链接 >>

朝鲜很少透露其导弹发展进程的信息，关于"劳动一号"弹道导弹的很多信息是从同巴基斯坦的"高里"和伊朗的"流星-3"弹道导弹比较后得来的。据推测"劳动一号"的最远射程为1300千米，最远射程时的圆概率误差为2千米。可装载总重1200千克的分离式弹头，弹头可装载800千克的高爆弹药、化学弹药、子母弹药和中当量核弹头。

HATF
"哈塔夫"系列导弹（巴基斯坦）

■ 简要介绍

"哈塔夫"是巴基斯坦20世纪80年代研制生产并且衍生的一系列导弹武器，命名"哈塔夫"的共有"哈塔夫-1"至"哈塔夫-9"多种型号；而衍生型号则有"高里-1"至"高里-3"等，共同构成了巴基斯坦的导弹武器家族。

■ 研制历程

1985年，巴基斯坦从法国获得"埃里登"探空火箭，其固体火箭发动机、耐高温壳体制造等技术对巴基斯坦导弹工业起到了重要作用。一直到2012年，开始了"哈塔夫"系列导弹的漫长研制和发展过程。

"哈塔夫-1"是一种车载式战术导弹，采用单级固体推进剂火箭发动机，射程仅有70千米；"哈塔夫-2"之后采用两级固体发动机，射程不断提升。"哈塔夫-3"开始，这一系列导弹均可以携带核弹头和常规弹头。尤其"哈塔夫-7"是一种中短距离的岸基巡航导弹，能携带包括核弹头在内的多种弹头，已经可以避开雷达侦测；"哈塔夫-8"是一种空基巡航导弹，采用多种末制导方式，既可攻击军舰又可攻击地面目标，并且采用了隐形技术，提升了突防能力。

■ 作战性能

"哈塔夫-5"也被称为"高里-1"中程弹道导弹，是车载式、使用液体推进剂的弹道导弹。有分析称它是基于朝鲜的大浦洞弹道导弹而研发的；也有可能是和伊朗进行过技术合作，因为伊朗的"流星Ⅲ"型导弹与"哈塔夫-5"无论是在外观和功能上都非常相似。

基本参数（哈塔夫-3）	
弹长	9.64米
弹径	0.8米
弹重	500千克
射程	290千米

▲ "哈塔夫"系列导弹

知识链接 >>

　　说起巴基斯坦的导弹工业，不能不提及埃及。1956年苏伊士运河战争后，埃及总统纳赛尔秘密招募数百名德国导弹专家在埃及南部阿尔万建立庞大的兵工厂。1959年，该厂完成了两款中程导弹的试制。当年年底巴基斯坦总统阿尤布·汗访问埃及，纳赛尔为争取巴基斯坦反对以色列，破例邀请他参观了阿尔万的导弹车间，并表示将为巴方提供导弹技术援助。

ZT3 INGWE
"雨燕"反坦克导弹（南非）

■ 简要介绍

"雨燕"反坦克导弹是由南非丹尼尔公司于1970年开始研制的，是对付爆炸反应式装甲的高手，因此约旦皇家陆军在为本国研发的"猎豹"战车选配武器时放弃鼎鼎大名的美国"陶"式，而选择了初出茅庐的"雨燕"。

■ 研制历程

20世纪70年代，现代主战坦克在主装甲外又加挂了一种爆炸反应式装甲。但这促进了重型反坦克导弹的发展，南非的丹尼尔公司为对付爆炸反应式装甲，开始研制采用双级串联式聚能装药战斗部的"雨燕"重型反坦克导弹。

"雨燕"导弹装有两个起飞发动机和一个续航发动机。发射时，它先以低速推动导弹飞离发射架，继而点燃续航发动机，使飞行速度迅速达到300米/秒，并在14秒后达到最大射程6千米。

该导弹采用双级串联式聚能装药战斗部。其前级装药在距离目标1米处由一个激光近炸引信引爆，且在击爆坦克上的反应装甲后，仍有相当的剩余穿深。后装药内含锻制破片，当热流射透装甲到达坦克内部时，这些超热破片足以杀死坦克内的人员并引爆坦克内的火药。

基本参数	
弹长	1.75米
弹重	28.5千克
射程	6千米

■ 作战性能

作战中的"雨燕"可以采用两种攻击方式：对付主战坦克及其他装甲车辆采用俯冲方式攻击，以击穿目标顶部装甲；对付土木工事、直升机等目标时则采用直接攻击方式。安装在导弹发射车上的雷达用于探测目标，将探测到的目标信息通过车载计算机传输到导弹的红外和毫米波目标寻的器。一旦寻的器锁定目标，导弹就会发射出去。

知识链接 >>

"雨燕"反坦克导弹采用与美国的"陶"式反坦克导弹相同的正常式气动外形布局。弹翼和尾舵均为折叠式,处于发射筒时,前者向后折叠、后者向前折叠;离开发射筒时,两者分别向前、后展开。该发射筒既是导弹发射器,又是导弹运输箱和贮存器。

▲ "雨燕"反坦克导弹

图书在版编目（CIP）数据

导弹/张学亮编著.—沈阳：辽宁美术出版社，2022.3

（军迷·武器爱好者丛书）

ISBN 978-7-5314-9136-1

Ⅰ.①导… Ⅱ.①张… Ⅲ.①导弹—世界—通俗读物 Ⅳ.① E927-49

中国版本图书馆 CIP 数据核字 (2021) 第 256732 号

出 版 者：	辽宁美术出版社
地　　址：	沈阳市和平区民族北街29号　邮编：110001
发 行 者：	辽宁美术出版社
印 刷 者：	汇昌印刷（天津）有限公司
开　　本：	889mm×1194mm　1/16
印　　张：	14
字　　数：	220千字
出版时间：	2022年3月第1版
印刷时间：	2022年3月第1次印刷
责任编辑：	张　畅
版式设计：	吕　辉
责任校对：	郝　刚
书　　号：	ISBN 978-7-5314-9136-1
定　　价：	99.00元

邮购部电话：024-83833008
E-mail：53490914@qq.com
http：//www.lnmscbs.cn
图书如有印装质量问题请与出版部联系调换
出版部电话：024-23835227